21世纪资源环境生态规划教材
基础课系列

野外生态学实习指导

刘鸿雁　唐志尧　朱彪　编著

U0231807

北京大学出版社
PEKING UNIVERSITY PRESS

图书在版编目(CIP)数据

野外生态学实习指导/刘鸿雁,唐志尧,朱彪编著. —北京:北京大学出版社,2018.12
21 世纪资源环境生态规划教材
ISBN 978-7-301-30076-3

Ⅰ.①野… Ⅱ.①刘… ②唐… ③朱… Ⅲ.①生态学—实习—教材 Ⅳ.①Q14

中国版本图书馆 CIP 数据核字(2018)第 261775 号

书　　　名	野外生态学实习指导	
	YEWAI SHENGTAIXUE SHIXI ZHIDAO	
著作责任者	刘鸿雁　唐志尧　朱　彪　编著	
责 任 编 辑	王树通	
标 准 书 号	ISBN 978-7-301-30076-3	
出 版 发 行	北京大学出版社	
地　　　址	北京市海淀区成府路 205 号　　100871	
网　　　址	http://www.pup.cn　　新浪微博　@北京大学出版社	
电 子 信 箱	zpup@pup.cn	
电　　　话	邮购部 010-62752015　发行部 010-62750672　编辑部 010-62752021	
印 刷 者	北京大学印刷厂	
经 销 者	新华书店	
	787 毫米×1092 毫米　16 开本　9.5 印张　200 千字	
	2018 年 12 月第 1 版　2018 年 12 月第 1 次印刷	
定　　　价	60.00 元	

目　　录

第1章 绪 论

野外生态学是通过野外调查、观测和控制实验等手段获取生态学数据,直观认识生物与环境关系的学科分支。野外工作是生态学专业学生认识自然规律和掌握本学科研究手段不可或缺的途径,与室内实验、统计分析等并列为生态学三大主要研究方法。通过野外生态学采集的样品可以进一步用于室内实验分析,获取的数据可以进一步用于统计分析,三者相辅相成。

本教程针对生态学专业的学生开展野外生态学实习编写,也适合自然地理与资源环境等专业的学生开展植物地理和土壤地理野外实习使用。

1.1 实 习 目 的

传统的实习往往着眼于知识的传授,主要形式是老师讲授、学生记录,实习过程中学生是被动的。如何让学生成为实习的主体,提升学生发现问题和解决问题的能力?毫无疑问,传统的实习形式需要改革,实习的内容需要适应学科发展的需要。本实习试图通过教师讲授和学生实际操作相结合,在实习过程中实现师生互动,培养学生以下四方面的能力。

(1) 发现问题的能力。通过对实习区域的总体认识以及在教师指导下学生对生态现象的观察和讨论,培养学生发现科学问题的能力,并反映在每天的总结以及实习结束后学生的实习报告中。

(2) 独立从事野外生态调查和观测的能力。实习分组进行,学生们都有充足的动手机会。通过组内成员的合作,基于观察到的生态现象相对独立地进行野外生态调查。

（3）团队合作解决问题的能力。实习过程中鼓励学生讨论、相互提问、相互印证观察和分析结果,培养学生通过团队合作解决问题的能力。

（4）独立思考撰写科研报告的能力。通过集中总结和按照科研论文的形式独立撰写实习报告,培养学生的科学精神和独立思考能力。

1.2   实 习 内 容

野外实习不仅需要掌握野外调查的方法,还需要善于观测并分析自然现象。需要掌握的常见野外调查方法包括:① 植物分类;② 植物群落调查;③ 土壤调查;④ 树木年轮取样;⑤ 植物根系取样;⑥ 定位生态观测;⑦ 控制实验;⑧ 遥感影像判读。

实习区的选择对实习内容的设计至关重要。本教材基于北京大学塞罕坝野外生态学实习基地编写。塞罕坝实习基地位于内蒙古高原的东南缘,是半湿润气候向半干旱气候过渡的区域、暖温带落叶阔叶林向温带草原过渡的区域。实习区及周边地区是我国生态建设的关键区,塞罕坝机械林场是生态文明建设的样板。针对这一地区自然条件和人为活动的特点,可以关注的主要科学问题有:① 区域森林和草原植被交错分布格局及成因;② 植物种类多样性格局;③ 天然林和人工林的土壤差异性;④ 草原带人工造林的成活情况及影响;⑤ 地形条件对植被格局的影响;⑥ 沙地土壤条件及其与森林生长的关系;⑦ 不同降水情境下人工林的生长;⑧ 土壤水分条件与植被格局。

第 2 章　实习区介绍

　　北京大学塞罕坝生态实习基地(定位站)位于北京北部450 km的河北省围场县塞罕坝机械林场,向周边辐射到内蒙古自治区克什克腾旗、多伦县和正蓝旗。这一区域位于蒙古高原(中国境内称"内蒙古高原")的东南缘,为蒙古高原向冀北山地、华北平原、东北平原过渡的区域(图2-1)。

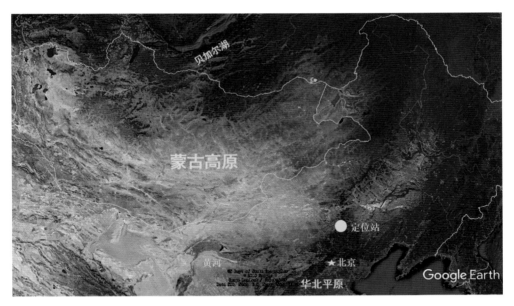

图 2-1　实习区的地理位置

　　实习区内包括浑善达克沙地、大兴安岭、冀北山地等地理单元,是辽河上游西拉沐沦河以及滦河上游支流闪电河的发源地(图2-2)。

图 2-2   实习区及周边地区自然地理概况

2.1   区域自然地理特征

2.1.1   地貌特征

实习区位于内蒙古高原东南缘,主体部分海拔为 1100 ~ 1400 m。高原面地貌形态多样。西部为浑善达克沙地,由多条东西走向的沙带组成。东南和南部为冀北山地。沟谷海拔在 500 ~ 700 m 之间,在坝缘部分,山地海拔迅速升高到 1700 ~ 1900 m,最高峰大光顶子海拔接近 2000 m。向北和西北方向进入内蒙古高原,海拔复又缓缓下降至高原面,这一部分即为通常所称的"坝上"。

2.1.2   气候条件

实习区处于半湿润气候向半干旱气候过渡的区域,年降水量 400 mm 的界线从塞罕坝西边穿过。利用内蒙古高原东南部的气候资料,对整个区域的气候状况(表 2-1)进行插值处理,结果如图 2-3 所示。实习区及周边地区年降水量存在 SE-NW 向的梯度而温度指标的梯度不明显,总体上坝下气温偏高,坝缘山地和大兴安岭南段山地由于海拔较高而温度偏低,内蒙古高原部分温度差异较小(图 2-3)。

表 2-1 实习区及其周围地区主要台站的气候状况

站 名	经度 /(°)	纬度 /(°)	海拔/m	均温/℃		年降水量 /mm	平均风速 /(m/s)
				1 月	7 月		
围场县*	117.75	41.93	842.3	−13.3	20.7	414.3	2.1
经棚	117.53	43.25	1003.2	−16.4	20.2	362.9	3.7
大局子	117.35	42.58	1510.0	−19.4	16.1	504.0	3.2
塞罕坝**	117.25	42.40	1450.0	−20.1	17.6	425.9	缺少
白音敖包	117.21	43.52	1340.7	−22.7	17.4	390.1	3.3
多伦县	116.47	42.18	1245.4	−16.9	18.8	372.8	3.6

表中标有*者为 1961—1970 年平均值,标**者为 1959—1994 年平均值,其余为 1951—1970 年平均值。

2.1.3 土壤特征

由于气温递变速率快,地貌类型多样,本区土壤类型多样。按照传统的土壤发生学分类系统,从冀北山地向锡林郭勒熔岩台地,土壤类型依次为棕壤、灰色森林土、黑钙土、淡黑钙土、暗栗钙土。在浑善达克沙地主要为风沙土。一些高海拔的山顶分布有亚高山草甸土。按照土壤诊断学分类系统,研究区的土壤以雏形土为主,局部地方有淋溶土和均腐土,在沙地和覆沙丘陵上常发育新成土。

2.1.4 植物区系

实习区在植物区系组成上有着非常明显的过渡性,从冀北山地向内蒙古高原过

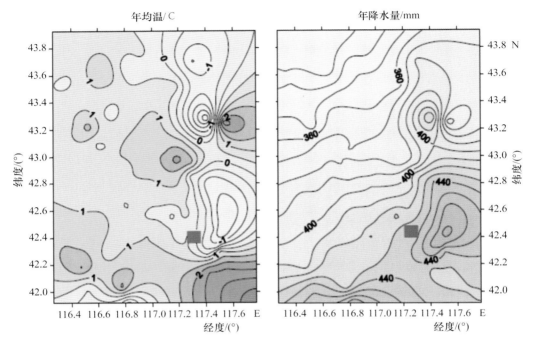

图 2-3   主要气候指标的空间分布
图中红色方块为塞罕坝机械林场位置

渡,表现为东亚成分逐渐减少而达乌里—蒙古成分增多。山地在不同区系成分的扩散中起着十分重要的作用。冀北山地是东亚成分向内蒙古高原腹地渗透的门户;大兴安岭南部山地又是东亚成分北上及东西伯利亚成分南下的桥梁。

2.1.5　土地利用

坝下第三乡以南以农为主,农林结合,自然林较少,一些地区有斑块状人工林。从第三乡到坝上吐力根河以林为主,为塞罕坝机械林场的范围,除天然的落叶阔叶林外,还栽种了大面积的华北落叶松(*Larix principis-rupprechtii*)林和一定数量的樟子松(*Pinus sylvestris* var. *mongolica*)林,森林覆盖率高。吐力根河以北东半部分为冀北山地和大兴安岭山前丘陵、台地,境内土地利用方式为林牧结合,森林以天然林为主;西半部分土地利用以放牧为主,有红山军马场、元宝山牧场等牧业基地。

2.2 区域环境演变

2.2.1 浑善达克沙地的演变

对于浑善达克沙地形成的年代,目前还不能完全确定。在沙地形成之前的晚更新世,在浑善达克沙地的西部和北部为一大型湖泊(图 2-4;Yang et al.,2011)。随着气候变干,湖泊消失,风力作用将湖中厚层沉积物中的细颗粒物质吹走,留下粗颗粒物质,形成沙丘(Yang et al.,2011)。在古湖的中心位置形成新月形沙丘,边缘则形成沙垄。强劲的风力还把湖中的粗颗粒物质吹扬到古湖东边和南边的丘陵山地,形成覆沙丘陵,成为实习区土壤发育的主要母质。

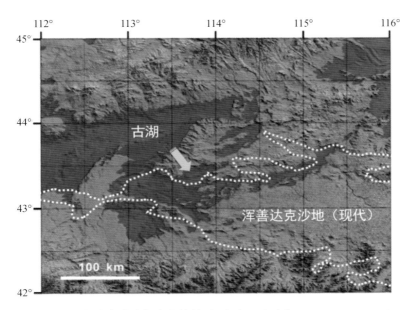

图 2-4 浑善达克沙地与古湖的关系(古湖位置引自 Yang et al.,2011)

末次冰盛期(距今21 000～18 000 年前)以来,浑善达克沙地的位置和范围没有发生明显的变化。但是沙地经历了多次固定和活化的过程,在气候暖湿的阶段,植被覆盖度高,以森林植被占优势,土壤中腐殖质含量高;在气候冷干的阶段,植被覆盖度低,以草原和荒漠植被占优势,土壤中腐殖质含量低。多次固定和活化导致了沙丘剖面中分布着多层腐殖质含量高的古土壤(图2-5)。在沙地的东部和南部仍然存在一些较大的湖泊,随着距今约4200 年前西拉木伦河溯源侵蚀,河流与沙地的地下水相连,导致沙地东部和南部的湖泊逐渐消亡(Yang et al. , 2015)。

图2-5 浑善达克沙地南缘的沙丘—古土壤剖面(刘鸿雁摄于四道河口)

2.2.2 区域植被演变

实习区末次冰盛期的植被以荒漠占据优势,仅在沙地的局部地点可能出现油松

（*Pinus tabulaeformis*）林的避难所（Hao et al.，2018）。随着冰后期气候的转暖,森林逐渐进入本区域。首先进入的树种包括云杉（*Picea* spp.）和榆树（*Ulmus pumila*）,在全新世中期（距今 6000 年前后）,气候转为温暖湿润,气温比现在高,实习区的植被以栎（*Quercus* spp.）林占优势,出现了桦（*Betula* spp.）、椴（*Tilia* spp.）、胡桃（*Juglans* spp.）等落叶阔叶乔木。此后,随着气候的变干变冷,落叶阔叶林逐渐被油松林所取代,在距今 2000 年前后,实习区的油松林逐渐被草原植被所取代（Liu et al.，2001）。

随着气候的变化,末次冰盛期以来的森林分布界线也一直在推移中。在距今 8300 年前后,森林分布的界线与现在的森林分布接近。此后,森林分布的界线向西北方向推进,在距今 6200 年前后达到极值。随着气候变冷变干,森林分布的界线向东南方向回撤,在距今 4800 年前后,森林分布的界线与现代的森林分布已经非常接近了（图 2-6）。

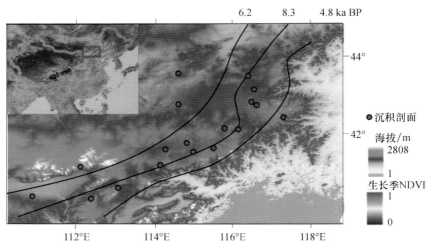

图 2-6　实习区森林界线的推移过程
ka BP 表示距今多少千年

2.2.3　区域人类活动的历史

实习区东南部主要位于清代木兰围场的范围内。在清康熙以前,区域内只有零星

的居民点。康熙平定噶尔丹叛乱以后,蒙古王爷将现在的围场和隆化一带献给朝廷作
为围猎练兵之所,称为"木兰围场"。木兰围场的设立客观上对保护自然生态起到了
一定的作用。

清同治二年(1862 年),随着国库空虚,木兰围场被逐步放垦。首先被放垦的是东
部和南部的边缘地区,随后不断往核心区蚕食(图 2-7)。1906 年,木兰围场全面放垦,
大量移民进入,河谷平地被开垦,自然植被破坏殆尽。目前仅围场县的人口就达到 60
余万人,对自然生态形成很大压力。

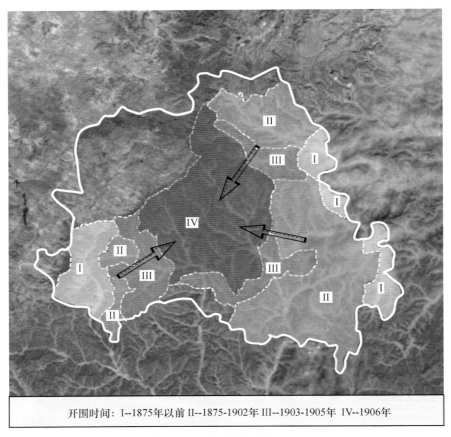

开围时间: I--1875年以前 II--1875-1902年 III--1903-1905年 IV--1906年

图 2-7 木兰围场的放垦历史

1962 年,塞罕坝机械林场正式成立,在围场县的西北部地区开展了大规模的植树造林活动,形成了面积近千平方千米的连续林带,对区域生态环境的改善起到了一定作用。塞罕坝的人工造林主要在海拔 1400 m 以上地区,栽植的树种主要为华北落叶松。在海拔 1300 ~ 1400 m 的沙地主要栽植樟子松。尽管降水量低,但由于海拔高,蒸发小,有助于保障森林生长。

实习区的西部为多伦县,康熙平定噶尔丹叛乱以后,在多伦县设立多伦淖尔宣抚理事厅,并修建了汇宗寺,使之成为蒙区的政商和宗教中心。大量蒙区民众沿浑善达克沙地西缘进入多伦,形成一条人类活动密集带,从近期的遥感影像仍然可以看到人类活动对植被的影响(见本书第 4 章图 4-5)。

2.3 区域植被格局及其成因

实习区内年降水量在 200—500 mm 之间,随着年降水量的变化,区域植被格局发生显著变化。在年降水量 500 mm 左右的区域,无论是阴坡还是阳坡都分布有森林,以栎林和桦林为主,形成连续分布的森林带。在年降水量 400 mm 左右的区域,森林仅能分布在陡阴坡,在平地和阳坡以草原植被占据优势。随着年降水量的下降,森林分布的坡度越来越大,树种逐渐变为以山杨(*Populus davidiana*)占据优势,在覆沙丘陵的坡脚出现榆树疏林。在年降水量 200 mm 左右的区域,森林不再出现,在不同地形条件下均以草原植被占据绝对优势(图 2-8;Liu et al.,2012)。

从区域植被格局随年降水量的变化可以看出水分条件对植被格局的决定作用。另外,地形条件(海拔、坡度)和土壤条件通过调控蒸发,改变土壤水分含量而决定森林的分布。高海拔地区由于蒸发量小,比低海拔地区有更多的森林分布;由于实习区处于北半球中纬度地区,阳坡的太阳高度角大,在坡度 45° 左右的阳坡,太阳接近直射,地表接受的太阳辐射量最大,蒸发也最强;相反,阴坡的太阳高度角小,坡度 > 45° 左右的阴坡,几乎没有太阳的直接辐射,因此,阴坡的蒸发量低。根据不同坡向和坡度

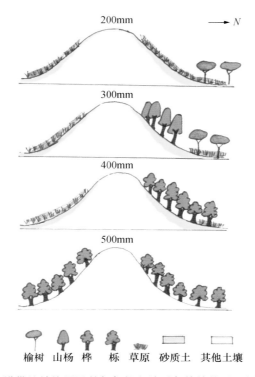

图 2-8　林草交错带植被格局及其与气候和地形条件的关系(引自何思源,2008)

条件下的蒸发量计算结果(图 2-9),在坡度 5°时,阴坡蒸发量是阳坡蒸发量的 80.4%;而在坡度 40°时,阴坡蒸发量只有阳坡蒸发量的 23.1%。如果不考虑土壤条件的影响,在降水量 400 mm 的地区,只有在阴坡坡度 > 35°的情况下,降水量才能比蒸发量大,从而有盈余的水分下渗到土壤深处,保证森林的生长;最后,土壤质地也影响到蒸发和下渗,进而影响不同深度的土壤水分含量,从而影响到森林的分布。土壤质地疏松的、毛管作用小的沙地上由于蒸发小,水分容易下渗进入深层土壤,出现榆树疏林植被。

　　在林草过渡带,森林呈斑块状分布在陡阴坡。随着年降水量的减少,森林斑块面积变得越来越小。在水平空间上,受地形条件的影响,林草交错带的宽度在不同的地点不尽相同。

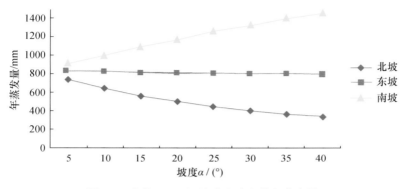

图 2-9　北纬 42°不同坡度和坡向的年蒸发量

2.4　区域生态问题

2.4.1　森林死亡

在全球温暖化的背景下,中国北方比南方升温速率更高,且年降水量呈现夏秋季减少的趋势(Piao et al., 2010),即本来较为干旱的地区生长季变得更加干旱。21 世纪以来,处于干旱林线附近的半干旱区森林出现普遍的树木生长下降、枯梢和死亡现象(Liu et al., 2013;Kharuk et al., 2013),引起了全球普遍关注。

森林死亡(forest mortality)是指生物以外因素引起的超过背景死亡率的森林大面积死亡现象。在实习区的多伦、正蓝旗等地普遍出现森林死亡现象,涉及白桦(*Betula platyphylla*)、山杨、华北落叶松等不同的树种(Xu et al., 2017;图 2-10)。森林死亡现象主要发生在森林分布的干旱极限,亦即树线。在树线,森林主要以小斑块和孤立木的形式,极易出现生长衰退、枯梢以至死亡。此外,在草原带不合理的人工造林也容易导致大面积死亡(图 2-11)。

图 2-10　正蓝旗乌和尔沁敖包林场的森林死亡（许重阳摄）

图 2-11　御道口牧场不合理的人工造林出现大面积死亡（崔海亭摄）

2.4.2 草原退化

草原退化在区域尺度上是气候变化的产物,在局地尺度上则是过度放牧的结果。草原退化主要反映在植物种类、覆盖度、生物量等的变化。随着草地的退化,冷蒿(*Artemisia frigida*)、糙隐子草(*Cleistogenes squarrosa*)、星毛委陵菜(*Potentilla acaulis*)、寸草薹(*Carex duriuscula*)等占据优势。

研究表明,在沙地或者覆沙丘陵,随着草地的退化,能够固氮的豆科植物逐渐占据优势,有助于草原的恢复(Hu et al., 2015)。在一些地区,豆科灌木,如小叶锦鸡儿(*Caragana microphylla*),进入草原并逐渐占据优势,成为退化草原的标志。

2.4.3 土壤沙化

草原带植被覆盖度低,在强劲的风力作用下,容易引起土壤沙化,表现为粗颗粒物质含量高,尤其是在退化草原。然而,土壤中的粗颗粒物质含量高并不一定代表土壤沙化。在浑善达克沙地及其边缘的覆沙丘陵,土壤中的砂粒含量达到60%以上。另外,土壤中的粗颗粒物质含量也与气候条件有关,在气候暖湿的地区,土壤风化程度高,粗颗粒物质含量低(Liu et al., 2008)。

2.5 实习路线

本实习地点为北京大学地球环境与生态系统定位研究塞罕坝站,以河北塞罕坝机械林场为驻地,辐射到实习区的不同方向,往东南到达坝下海拔500 m的围场县城附近,往西北到达浑善达克沙地腹地的桑根达来(图2-12)。

(一)围场—林场路线

地点1:庙宫水库

- 不同土壤母质的土壤观察,分析母质对土壤的影响;

图 2-12 实习驻地及实习路线

- 黄土母质上的主要植物种类。

地点 2：围场城北东沙梁

- 沙地植物种类和植被覆盖观察,思考植被动态与风沙活动的关系;
- 沙地土壤条件的观察。

（二）林场—太阳湖路线

地点 1：太阳湖

- 草原植物分类;
- 主要科的分类特征总结。

地点 2：场部附近

- 森林植物的分类;
- 观察林草交错的植被格局。

（三）林场—尚海林（场部附近）路线

- 白桦林群落调查，掌握样方法；
- 土壤剖面观测，掌握土壤剖面观测的方法。

（四）林场—大光顶子路线

地点 1：大光顶子

- 草甸群落调查，分析地形梯度对植被格局的影响；
- 土壤剖面的观测，分析地形条件对风沙运移和土壤母质的影响；
- 植物叶片取样，分析乌苏里风毛菊叶片形态变异的原因。

地点 2：亮兵台

坝上和坝下景观的差异。

地点 3：人工林

- 落叶松人工林群落调查，比较不同年龄人工林林下的种类组成；
- 落叶松人工林土壤剖面分析，比较造林对土壤的影响。

（五）林场—三道河口路线

地点 1：元宝山牧场

- 观察阴阳坡植被组成的差异，分析地形对植被格局的影响；
- 认识草地退化的指示种，分析草地退化的成因；
- 吐力根河两岸植被对比，分析人工林建设的意义。

地点 2：三道河口林场

- 残遗油松林样地调查和土壤剖面描述，分析沙地对残遗植物群落的作用；
- 阴阳坡土壤水分测定，分析林草植被的土壤水分消耗及其对植被格局的影响。

地点 3：二道河口

白桦林样地调查与土壤剖面描述，分析土壤条件对植物种类多样性成因的可能影响。

（六）林场—大唤起路线

地点 1：八十号

- 蒙古栎林样地调查和土壤剖面观测，分析蒙古栎林矮化的原因；
- 土壤水分的观测，掌握 TDR（Time Domain Refletrometry，时域反射仪）的使用方法；
- 油松林样地调查和土壤剖面观测，比较油松林与蒙古栎林群落组成的异同和原因。

地点 2：五十三号

- 白桦林样地调查和土壤剖面观测，分析与坝上白桦林种类组成的异同和原因；
- 土壤水分的观测。

（七）林场—白扦坑路线

地点 1：白扦坑

- 沙地白扦（*Picea meyeri*）林样地调查和土壤剖面观测，分析沙地的生境特点和林下植物分布格局；
- 树木年轮取样，掌握取样的原理和方法；
- 植物根系取样，掌握取样的原理和方法。

地点 2：白扦坑对面山坡

- 白桦林样地调查和土壤剖面观测，分析覆沙丘陵的土壤条件和植被特点；
- 草原群落观察，分析坡向变化引起林草分异的原因。

（八）林场—将军泡子路线

地点 1：五彩山

- 草原自然剖面的观察，分析草原土壤与森林土壤的异同；
- 草原植物群落调查。

地点 2：将军泡子

- 白桦林样地调查和土壤剖面观察，与草原群落和土壤对比；

- 阳坡观察不同地形条件下土壤剖面结构的变化,分析其原因。

（九）林场—泰丰湖(场部附近)路线

地点 1：泰丰湖

- 水生植物取样和分类,区分沉水植物和浮水植物;
- 水生生态序列观察。

地点 2：七星湖

- 不同水分条件下的植物群落观察,分析水分对植物群落的影响;
- 湖泊湿地植被的特点与成因。

第3章 常见植物识别

3.1 野外植物识别的基础知识

野外实习虽然经常安排在植物的生长季,但由于不同植物的物候期不同,实习期间可能会有一些植物尚处在营养生长期,一些植物则处于花期,而另一些植物可能已经进入果期。野外快速识别植物除了借鉴工具书和软件外,还需要掌握野外植物识别的一些基础知识。一些常见的形态术语在此不重复介绍,本节主要介绍野外植物识别时常遇到的问题。

3.1.1 营养器官

在野外,根的特征也可以用来快速区分植物种类。如车前属(*Plantago*)的两个种中,车前(*P. asiatica*)是须根系,而平车前(*P. depressa*)是直根系。总体上,根据根的特征能够快速区分植物种类的情况较少,而且不提倡挖出植物的根进行观察。

可以通过植物茎的特征在野外快速识别木本植物。一些植物的树皮具有独特性,如柿树科[常见种类有柿树(*Diospyros kaki*)、君迁子(*Diospyros lotus*)等]的树皮为方形开裂,可以作为辅助鉴别标志。实习区内常见的乔木可以通过树皮区分,如油松(*Pinus tabulaeformis*)的树皮颜色发黑,而樟子松的树皮颜色发红。树皮上的皮孔也可以用来识别植物,如丁香属(*Syringa*)的各个种类中,红丁香(*S. villosa*)的皮孔明显偏粗。在草本植物中,一些植物(如大量的藜科植物)的茎具有条棱、或被白粉、或颜色发红,可以显著区别于其他植物。

植物叶片形态特征丰富,然而叶片受环境条件的影响明显。由于趋异适应和趋同适应,叶片作为植物分类的依据需要考虑同种植物具有不同的叶型以及不同的植物种类具有相似的叶片形态,给植物快速识别带来困难。另外需要注意的是,在同一株植物也可能存在不同的叶型,如沙参属(*Adenophora*)叶片的性状在同一植株差异极大。在实习区内多地面芽植物,它们的基生叶(近地面的叶片)和茎生叶(离开地面的叶片)差异明显。叶片作为植物识别的标志,比较稳定的特征有侧脉对数,如桦属中,白桦的叶脉对数为 5 ~ 7 对,少于同属的其他种类。

3.1.2 生殖器官

花的特征是植物分类的主要依据。然而在野外,一些特征,如心皮数量、子房特征往往需要借助于解剖工具和放大镜才能观察。在后面的章节中,我们尽量介绍容易观察的特征。

对于一些花期已过的植物,果实特征也是识别植物的重要标志。果实由子房发育而来,从果实常常可以看出组成子房的心皮数目等特征。此外,子房在发育成果实的过程中还可能与花托愈合,可能出现木质化或肉质化等,由此形成不同的果实类型(表 3-1),它们经常运用到科、属的分类。在同一属中,不同种类的果实大小、性状不同,可能作为区分的标志。

表 3-1 常见的果实类型

果实类型			果实特征	植物举例
单果	肉质果	浆果	外果皮薄,中果皮和内果皮肉质多汁,具一至多粒种子	葡萄
		梨果	内果皮纸质、革质或木质,内有数室,每室含若干种子	梨
		核果	外果皮薄,中果皮肉质或纤维质,内果皮木质化	桃

（续表）

果实类型				果实特征	植物举例
单果	干果	裂果	蓇葖果	单心皮,成熟时一侧开裂	玉兰
			荚果	单心皮,成熟时开裂为两片	大豆
			角果	两心皮,裂为两片,有假隔膜	油菜
			蒴果	两个或两个以上心皮,成熟时果瓣开裂	棉花
		闭果	瘦果	具一粒种子,果皮与种皮分离	葵花
			颖果	具一粒种子,果皮与种皮愈合	水稻
			翅果	果皮延伸成翅	榆树
			坚果	果皮坚硬、木质化,含单粒种子	板栗
聚合果				由多数离生心皮形成	草莓
聚花果				由整个花序形成	凤梨

3.2 实习区主要植物科的特征和常见种类识别

实习区常见植物近 500 种(附录 A)。为了便于认识野外常见植物,本节列出常见的 27 个科的关键特征和约 200 种常见种类的识别方法。考虑到各科之间的进化关系,本节编排顺序按照哈钦松系统。本节所列植物拉丁名均可从附录 A 查到,不一一列出。

3.2.1 松科

(一) 科属特征

裸子植物;叶片针状或条形;种鳞与苞鳞分离。

松属的叶片针状,2~5 针/束。

云杉属的叶片扁平,小枝有显著隆起的叶枕,叶片着生在叶枕上。

落叶松属的叶片扁平针形,在长枝上螺旋状散生,在短枝上簇生。

（二）常见种类

松属:油松(树皮黑色,松针细长)、樟子松(树皮红色,松针粗短)。

云杉属:白扦。

落叶松属:华北落叶松。

3.2.2 毛茛科

（一）科的特征

草本;花两性,整齐,五基数,花萼和花瓣均离生;雄蕊和雌蕊多数、离生、螺旋状排列于膨大的花托上;子房上位;蓇葖果。

（二）常见种类

铁线莲属:大瓣铁线莲(花直径达 10 cm)、短尾铁线莲(花直径 1~1.5 cm)。

耧斗菜属:华北耧斗菜。

唐松草属:瓣蕊唐松草(花丝呈花瓣状)、东亚唐松草(圆锥花序密集)、贝加尔唐松草(小型聚伞状圆锥花序)、展枝唐松草(圆锥花序稀疏)。

银莲花属:大花银莲花(苞片明显有柄)、银莲花(苞片柄不明显,花葶、叶、子房、瘦果均无毛)、长毛银莲花(花葶、叶、子房、瘦果均有毛)。

金莲花属:金莲花。

驴蹄草属:驴蹄草。

白头翁属:白头翁(三出裂叶,裂片宽)、细叶白头翁(羽状裂叶,最终裂片线形)。

乌头属:低矮华北乌头。

3.2.3 芍药科

（一）科的特征

与毛茛科特征接近。花大、单生,具肉质花盘,雄蕊离心发育,萼明显,绿色。

（二）常见种类

芍药属:白芍。

3.2.4　蔷薇科

（一）科的特征

叶常互生,有托叶;花常两性,整齐,5 基数,花萼、花冠和雄蕊三者基部合生于花托边缘,子房上位或下位。根据果实可以区分为四个亚科:绣线菊亚科(蓇葖果)、蔷薇亚科(瘦果)、李亚科(核果)、梨亚科(梨果)。

（二）常见种类

1. 绣线菊亚科

绣线菊属:柔毛(土庄)绣线菊(叶背面具柔毛)、柳叶绣线菊(叶片两面无毛)。

2. 蔷薇亚科

蔷薇属:刺玫蔷薇。

草莓属:东方草莓。

龙牙草属:龙牙草。

地榆属:地榆。

水杨梅属:水杨梅。

委陵菜属:金露梅(灌木)、腺毛委陵菜(羽状复叶,叶片、叶柄有弯曲腺毛及稍开展的长柔毛,花梗密生腺毛)、匍枝委陵菜(掌状复叶)、疏毛钩叶委陵菜(羽状复叶,上面三小叶大)、高二裂委陵菜(叶片顶端二裂)、星毛委陵菜(植株贴地生长,黄绿色)。

3. 李亚科

稠李属:稠李。

4. 梨亚科

花楸属:花楸树(百花山花楸)。

栒子属:黑果栒子。

山楂属:辽宁山楂。

苹果属:山丁子(山荆子)。

3.2.5　豆科

(一) 科的特征

三出或羽状复叶,有叶枕;多为蝶形花或假蝶形花;雄蕊为二体、单体或分离;子房上位;荚果。

(二) 常见种类

野豌豆属:歪头菜(无卷须,茎呈之字形生长)、大野豌豆(花白色、粉色或淡紫色)、广布野豌豆(花紫色或蓝色,小叶宽 2~5 mm)、假香野豌豆(花紫色或蓝色,小叶宽 6~35 mm,侧脉不达边缘)、山野豌豆(花紫色或蓝色,小叶宽 6~35 mm,侧脉直达边缘)。

香豌豆属:五脉山黧豆(小叶有 5 条明显的叶脉)、茳芒香豌豆(托叶长 2~7 cm,箭头状)。

扁蓿豆属:扁蓿豆。

黄芪属:达乌里黄芪(全株被长柔毛)、斜茎黄芪(茎、叶、花梗和果被白色或黑色丁字毛)。

棘豆属:狐尾藻棘豆(小叶轮生,25~32 轮)、二色棘豆(8~14 轮小叶,总状花序偏长)、砂珍棘豆(6~12 轮小叶,总状花序粗短,果实膨胀)、蓝花棘豆(小叶对生)。

3.2.6　蓼科

(一) 科的特征

以草本为主;托叶鞘膜质、筒状;花被片 3~6,雄蕊 6~9,子房上位,1 室,1 胚珠;

瘦果。

（二）常见种类

蓼属:萹蓄(叶片小型,常平卧路边)、叉分蓼(茎明显二歧分叉)、卷茎蓼(藤本)、珠芽蓼(叶片基部不延伸)、拳参(叶片基部延伸呈翅状)。

酸模属:小酸模(叶片长4 cm以内,基部戟形)、酸模(叶片长4 cm以上,基部箭形)。

大黄属:河北大黄。

3.2.7 十字花科

（一）科的特征

草本为主,多数为单叶互生;花序多为总状花序,花瓣4,呈十字形排列,雄蕊6,四强,子房2室,被假隔膜分隔;果实为角果。

（二）常见种类

遏蓝菜属:山遏蓝菜。

葶苈属:葶苈(花黄色)、蒙古葶苈(花白色)。

花旗竿属:小花花旗竿(花直径1～3 mm)、无腺花旗竿(花直径4～6 mm)。

糖芥属:小花糖芥。

香花芥属:雾灵香花芥(花直径1.5～3 cm)、香花芥(花直径约1 cm)。

3.2.8 桦木科

（一）科属特征

乔木或灌木,单叶,互生,边缘有锯齿;雄花序为倒垂的葇荑花序,雌花序为圆锥形、球果形葇荑花序;小坚果。

桦属:小坚果具膜质翅。

榛属:小坚果包于叶状和管状的总苞内。

虎榛子属:小坚果藏于一个管状顶端三裂的总苞内。

(二) 常见种类

桦属:白桦(树皮白色)、棘皮桦(树皮黑色、剥裂)、柴桦(灌木、长水边)。

榛属:平榛。

虎榛子属:虎榛子。

3.2.9 杨柳科

(一) 科的特征

乔木或灌木;雌雄异株,每朵花皆有 1 苞片,无花被。

杨属:冬芽芽鳞多片。

柳属:冬芽芽鳞只有 1 片。

(二) 常见种类

杨属:山杨。

柳属:中国黄花柳(叶片椭圆形)、蒿柳(叶条形或披针形,全缘,背面被丝状毛)、乌柳(叶片边缘具带腺锯齿)、五蕊柳(叶片卵形至长圆形,雌花序明显粗短)。

3.2.10 报春花科

(一) 科的特征

草本,叶基生;花葶由根部抽出,花萼通常 5 裂,花冠下部合生成短或长筒,上部通常 5 裂。

(二) 常见种类

报春花属:粉报春(叶片小型,长 7cm 以内)、胭脂花(叶片大型,长 6～25cm)。

海乳草属:海乳草。

3.2.11　紫草科

（一）科的特征

植株有毛,叶互生,无托叶;二歧或单歧蝎尾状聚伞花序,花 5 基数,整齐雄蕊与花冠萼片互生,花冠喉部有 5 枚附属物,子房上位;核果或 4(2)小坚果。

（二）常见种类

勿忘草属:勿忘草。

鹤虱属:鹤虱。

滨紫草属:滨紫草。

3.2.12　花蔺科

（一）科的特征

羽状复叶,小叶间很宽;圆锥花序,5 数花;蓇果。

（二）常见种类

花蔺属:花蔺。

3.2.13　败酱科

（一）科的特征

根状茎粗,常具有强烈的气味;小叶锯齿稀疏;聚伞花序,排出伞房状,花冠合瓣,5 裂,常有冠毛(苞片变态),雄蕊 4。

（二）常见种类

败酱属:黄花龙芽(植株高大,通常 1 m 以上)、异叶败酱(植株矮小,叶柄约 1 cm)、岩败酱(植株矮小,叶柄短)。

缬草属:缬草。

3.2.14 柳叶菜科

（一）科的特征

草本为主，单叶；4 数花，子房下位，子房很长；蒴果。

（二）常见种类

柳叶菜属：柳叶菜（花瓣顶端二裂，叶对生，有齿牙）、柳兰（花瓣全缘，叶互生，近全缘）。

3.2.15 牻牛儿苗科

（一）科属特征

草本为主；花瓣通常 5 个，子房上位；蒴果，顶部常具伸长的喙。

牻牛儿苗属：10 个雄蕊，5 个有花药，5 个没有花药。

老鹳草属：10 个雄蕊都有花药。

（二）常见种类

牻牛儿苗属：牻牛儿苗（太阳花）。

老鹳草属：粗根老鹳草（叶片掌状 7 深裂，小裂片披针状线形）、毛蕊老鹳草（叶片掌状 5 中裂，裂片宽，子房被毛）、鼠掌老鹳草（叶片掌状 5 深裂，裂片窄）、草原老鹳草（裂片近羽状）。

3.2.16 桔梗科

（一）科属特征

草本为主，叶片变形大，常有乳汁；花冠合瓣，4～5 裂，钟状或筒状，子房半下位或下位；常为蒴果。

桔梗属：5 心皮蒴果，顶端瓣裂。

沙参属:3 心皮蒴果,侧面孔裂,花萼筒状。

风铃草属:3 心皮蒴果,侧面孔裂,花萼由 5 个宽的叶状萼片组成。

(二) 常见种类

桔梗属:桔梗。

沙参属:石沙参(茎生叶互生,叶无柄)、多歧沙参(茎生叶互生,叶有短柄,花柱和花冠约等长)、北方沙参(茎生叶大部分轮生)、轮叶沙参(茎生叶全部轮生)、长柱沙参(茎生叶全部互生,花柱长于花冠)。

风铃草属:紫斑风铃草。

3.2.17　景天科

(一) 科的特征

肉质草本,常单叶,无托叶;花两性,4 数花或 5 数花;蓇葖果。

(二) 常见种类

瓦松属:瓦松。

景天属:土三七(叶片边缘有锯齿)、华北景天(叶片边缘疏生牙齿)。

3.2.18　石竹科

(一) 科属特征

草本,节和节间明显,茎节膨大,单叶对生;花萼 5,花瓣 5;蒴果。

种阜草属:花瓣顶端不裂。

卷耳属:花瓣顶端中裂。

繁缕属:花瓣全裂。

石竹属:花瓣顶端有齿牙或流苏状裂。

蝇子草属:萼片形成萼筒。

（二）常见种类

种阜草属:种阜草。

卷耳属:卷耳。

繁缕属:叉歧繁缕(茎二歧分叉)、繁缕(茎柔弱,多分枝)。

石竹属:石竹(花瓣边缘呈齿状)、瞿麦(花瓣裂片流苏状)。

蝇子草属:旱麦瓶草(全株具稀疏毛)、女娄菜(全株密生短柔毛)。

3.2.19 堇菜科

（一）科的特征

草本,叶基生,单叶互生;花瓣5,下瓣有距,雄蕊5,与花瓣互生,下方2雄蕊常有距状蜜腺,子房上位,由3心皮合生,侧膜胎座;蒴果。

（二）常见种类

堇菜属:鸡腿堇菜(有明显主茎和分枝)、斑叶堇菜(叶上表面叶脉具白色斑纹)、双花黄堇菜(叶片肾形,基部心形)、旱开堇菜(叶片匙形)。

3.2.20 伞形科

（一）科的特征

草本,叶片多为掌状或羽状裂叶,叶柄基部膨大,或呈鞘状;花序常为复伞形花序,花瓣5,子房下位,2室,每室有1胚珠;双悬果,每个分果有5条主棱。

（二）常见种类

柴胡属:北柴胡(花序苞片披针形)、黑柴胡(花序苞片卵圆形)。

葛缕子属:田葛缕子。

藁本属:辽藁本。

独活属:短毛独活。

防风属:防风。

阿魏属:硬阿魏。

水芹属:水芹。

岩风属:密花岩风。

3.2.21   瑞香科

(一) 科的特征

木本为主,少为草本,单叶,全缘,无托叶;花萼花冠状,子房上位,心皮 2 ~ 5;浆果、坚果或核果。

(二) 常见种类

狼毒属:狼毒。

3.2.22   茜草科

(一) 科的特征

木本为主,有时为藤本,叶对生或轮生,托叶生于叶柄之间;花基数 4 或 5,合瓣,子房下位,心皮 2;蒴果或浆果。

(二) 常见种类

猪殃殃属:林地猪殃殃(4 叶轮生,叶具 1 脉)、北方拉拉藤(4 叶轮生,叶具 3 ~ 5 脉)、蓬子菜(6 ~ 10 叶轮生)。

茜草属:茜草。

3.2.23   菊科

(一) 科的特征

常为草本;叶互生;头状花序,有总苞,合瓣花冠,聚药雄蕊,连萼瘦果,多有冠毛。

(二)常见种类

1. 管状花亚科

翠菊属:翠菊。

马兰属:全缘叶马兰。

狗娃花属:阿尔泰狗娃花。

紫菀属:高山紫菀。

火绒草属:火绒草。

蓍草属:亚洲蓍(叶片三回羽状全裂,密集)、高山蓍(叶片呈锯齿状)。

线叶菊属:线叶菊。

菊属:小红菊。

蒿属:艾蒿(叶片密被绒毛)、冷蒿(叶片密被白色毛)、狭叶青蒿(叶片全缘)、白莲蒿(二回羽状深裂,末端裂片整齐)、蒙蒿(茎浅绿色,具不明显条棱)、茵陈蒿(叶裂片呈细丝状)、沙蒿(叶片羽状深裂,侧裂片 2~3 对)、牡蒿(叶基楔形)、南牡蒿(叶片椭圆形,羽状深裂)。

千里光属:黄菀。

橐吾属:全缘橐吾(叶片全缘)、肾叶橐吾(叶片边缘有锯齿)。

风毛菊属:乌苏里风毛菊(叶片边缘具齿)、华北风毛菊(叶片羽状浅裂至深裂)。

山牛蒡属:山牛蒡。

麻花头属:麻花头。

漏芦属:祁州漏芦。

毛连菜属:毛连菜。

2. 舌状花亚科

鸦葱属:细叶鸦葱(叶片线形或线状披针形)、皱叶鸦葱(叶片边缘深皱状弯曲)。

蒲公英属:白缘蒲公英(外层总苞片具宽的白色膜质边缘)、蒲公英(外层总苞片不具宽的白色膜质边缘)。

　　苣荬菜属:苣荬菜。

3.2.24　百合科

(一) 科的特征

　　单叶;整齐花,花被片 6 枚,排成两轮,雄蕊 6 枚,子房上位,3 心皮 3 室,中轴胎座;蒴果或浆果。

(二) 常见种类

　　葱属:砂韭(叶片筒状)、山韭(叶片宽扁形)。

　　萱草属:小黄花菜。

　　舞鹤草属:二叶舞鹤草。

　　黄精属:玉竹(叶下面无毛)、小玉竹(叶下面具短糙毛)。

　　天门冬属:曲枝天门冬(茎呈之字形弯曲)、龙须菜(叶状枝呈镰刀状)、兴安天门冬(叶状枝 1～6 枚簇生,长短不一)。

　　铃兰属:铃兰。

　　藜芦属:藜芦。

3.2.25　鸢尾科

(一) 科的特征

　　草本;叶常基生为二列,叶鞘基部套摺呈扁平状;花两性,花被片 6,2 轮,雄蕊 3,子房下位,蝎尾状聚伞花序顶生;蒴果。

(二) 常见种类

　　鸢尾属:矮紫苞鸢尾(植株高度一般 <20 cm)、囊花鸢尾(叶宽 4～5 mm)、线叶鸢尾(叶宽 1～1.5 mm)。

3.2.26 莎草科

(一) 科的特征

草本,秆三棱形,无节,叶鞘闭合;花被退化或者无花被,有的雌花为果囊所包围;坚果。

(二) 常见种类

薹草属:披针叶薹草(森林种)、黄囊薹草(草原种)、寸草薹(草原种)、灰脉薹草(沼泽种)。

莎草属:扁穗莎草

蔗草属:水葱

3.2.27 禾本科

(一) 科的特征

草本为主,秆圆形,有节,具叶鞘和叶舌,叶鞘不闭合;以圆锥花序最常见,小穗是构成花序的基本单位;花两性,小穗基部包颖片,每朵花外面包有外稃和内稃,花被退化成浆片,雄蕊3,心皮2(3);颖果。

(二) 常见种类

针茅属:贝加尔针茅(外稃长 12~14 mm)、克氏针茅(外稃长 9~11.5 mm)。

雀麦属:无芒雀麦(圆锥花序开展)、伊尔库特雀麦(圆锥花序直立、狭窄)。

冰草属:蒙古冰草(颖及外稃无毛或仅具稀疏柔毛)、毛沙芦草(颖及外稃均显著密被长柔毛)。

早熟禾属:硬质早熟禾(茎蓝绿色,表面粗糙)、林地早熟禾(茎细弱,叶鞘基部带紫色)。

看麦娘属:看麦娘。

赖草属:羊草。

羊茅属:紫羊茅。

大油芒属:大油芒。

拂子茅属:野青茅。

第4章　野外工作方法

4.1　植物群落调查

4.1.1　基本要求

（1）认识 150～200 种实习地区常见的野生植物，掌握植物标本的采集、压制、记载、定名的基本方法；

（2）掌握植被野外调查的基本方法；

（3）能初步分析植被与环境要素（如坡度、海拔、土壤、小地形等）之间的关系；

（4）对实习区植被地理格局有初步的认识，掌握实习区植被分布规律。

4.1.2　实习必备工具

大皮尺（50 m）、标本夹、枝剪、罗盘、放大镜、望远镜（除望远镜外以上工具每组必备一份）；

样方本、标签、钢卷尺、实习地区植物检索表或植物志（以上工具每组必备若干）；

野外记录簿、橡皮、小刀、铅笔（以上工具人手一份）。

4.1.3　样方法简介

如何测定植物群落的种类组成以及评价它们在群落中所起的作用一直是群落生态学研究的重要内容。

为了分析组成某一植物群落的种类,必须在该植物群落分布的范围内选取一定数目的样地进行统计,这种方法称为样地法。一般说来,样地应该选择在植物分布比较均匀、有代表性的地段。取样可以分为主观取样和客观取样两种。主观取样一般是在对一定地区的植物群落有充分了解的基础上,根据研究者的研究目的进行的。客观取样又可以分为规则取样和随机取样两种,这种方法一般用于研究者对当地植物群落缺乏了解,或研究者需要用概率统计的手段来支持他们的结论时。

(一) 样地设置

样地形状可以是方形的或圆形的,前者称为样方法。样地的大小一般需要事先进行实验。对于草本群落,一般最初用 10 cm × 10 cm 的面积;对于森林群落,一般最初用 5 m × 5 m 或者更大的面积。登记这一面积内所有的植物种类,然后按照一定顺序,扩大样地边长,每扩大一次,登记新增加的种类,扩大样地的方式如图 4-1 所示。

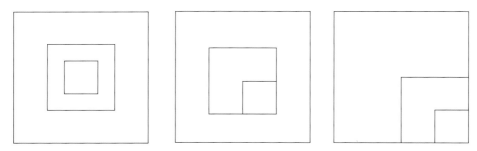

图 4-1　确定样地表现面积的方法:从小到大按一定顺序逐渐扩大样地面积

随着样地面积的增大,种类数目逐渐增加。在一定的样地面积以上,种类数目基本保持稳定(图 4-2)。植物种数不再有明显增加时的样地面积被称为群落的表现面积,也称最小面积,也就是说至少要有那么大的空间才能包含群落的大多数植物种类,表现群落的主要特征。

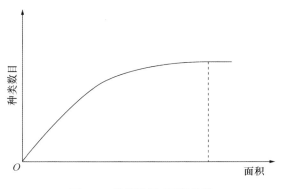

图 4-2 种类数目-面积曲线

（二）描述群落种类组成特征的数量指标

1. 多度

一个物种的某一样地内出现的个体数量称为多度。它随着时间和空间而改变,有的情况下很难精确计算一个种的多度或者时间根本不允许这样做,这时可以用目视评估的办法。在西方国家经常采用的多度等级如表 4-1 所示。

表 4-1 多度等级表

等 级	多 度
1	稀少(scarce)
2	少见(infrequent)
3	常见(frequent)
4	多(abundant)
5	很多(very abundant)

我国学者仿效苏联,采用德鲁德(Drude)六级制多度,或称德氏多度,并一直沿用。具体的简写和含义如表 4-2 所示。

表 4-2　德氏多度

简　　写	含　　义
cop3（copiosae 3）	很多
cop2（copiosae 2）	多
cop1（copiosae 1）	尚多
sp（sparsae）	分散
sol（solitariae）	个别
un（unicum）	一个

此外,还有 soc（sociales）与多度符号同时使用,表示密集,植物的地上部分互相靠拢。

2. 密度

与多度接近,但指单位面积内某种植物的平均数量。

3. 盖度

盖度指某种植物在群落中覆盖的程度。盖度有两种表达方式。一是投影盖度,二是基部盖度。

投影盖度表示植物枝叶所覆盖的地面面积,以覆盖地面的百分比来表示。它表现出的是植物所实际占有的水平空间,即它利用太阳光能进行光合作用的同化面积。一般采用目测估算,也可以采用仪器量测。

在林业上通常采用郁闭度来表示投影盖度。所谓郁闭度,是指林冠彼此接触闭合的程度,一般以 0、0.1、0.2 等表示,完全郁闭时为 1。

基部盖度指植物基部着生的面积。在草本群落中,投影盖度往往随着不同年份降水的多少而有很大差别,基部盖度则比较稳定。基部盖度一般通过量测基径然后计算获得。

4. 频度

各种植物在群落内不同部分的出现率称为频度。频度的计算通过以下方法获得。

首先在群落内不同部位取一定数目的小样地(小样方或小样圆)。有某种植物出现的小样地的数目占所有小样地数目的百分比即为这一植物的频度。小样地的面积根据实际情况而定,对于草本群落,通常取 1 dm² (平方分米)。

频度的作用在于说明个体数量及其分布。频度指数越大,表明个体数量多且分布均匀,该物种在群落中所起的作用也大。

5. 优势度

优势度指一个物种在它所处的群落内所起的作用和所处的地位,如在该群落物质循环中的作用,对其他物种的影响等。

优势度一般很难度量。多度大、盖度也大的物种,其优势度大;多度不大而盖度又小的物种,优势度一般较小。但多度小而盖度大的物种所起的作用可能也大,如森林群落中的优势乔木就是如此。

估计优势度有多种方法。有的学者把多度和盖度结合起来估算优势度,如 Braun-Blanquet 拟订了以下等级表(表4-3),用于划分优势度。

表4-3　优势度等级表

等　　级	意　　义
+	稀少或者非常稀少,盖度非常小
1	很多,但覆盖的面积小
2	大量或至少覆盖 5% 的面积
3	任何个体数目,覆盖 25% ~50% 的面积
4	任何个体数目,覆盖 50% ~75% 的面积
5	覆盖面积超过 75%

以上方法主观性较大,但简单易行。另一种方法是重量法,把所有植物收集起来按物种或生活型进行称重,根据它们之间的重量对比关系确定优势度。这种方法比较

烦琐,而且一般只能提供地上部分的重量。

一个群落中优势度明显较其他物种高的一个或多个物种称为优势种。优势种提供了群落中基本的物质量。在森林群落中,乔木树种一般作为优势种。

优势种中的最优势者,即盖度最大、重量最大、多度也大的植物种,称为建群种。建群种是群落的创造者和建设者。它占有最大的空间,对群落的物质循环影响最大,并最大程度地影响和控制群落的其他物种,对改变环境所起的作用也最大。优势种以外的盖度和多度都较小的植物种称为附属种。它们对群落环境的影响较小。一般说来,优势种更能有效地利用群落的环境资源,而附属种能够利用优势种利用后余下的部分环境资源。

有的群落,如热带雨林,很难确定出一个建群种,在这种情况下,可以确定出两个或两个以上的建群种,称为共建种。

6. 生活力

指植物在群落中发育的能力。Braun-Blanquet 和 Pavillard(1922)制定了生活力划分的四级标准,具体如表4-4 所示。

表 4-4　生活力四级标准

等　　　级	意　　　义
1	正常通过全部生长发育周期
2	发育周期不完全,营养体发育尚强烈
3	发育周期不完全,而且营养体发育微弱
4	只偶尔产生幼苗,但很快就死亡

(三) 群落间比较的数量指标

为了更好地比较不同群落的差异,在样方调查的基础上,可以利用一些综合性的数量指标比较不同群落间种类组成的差异。

1.种类多样性

群落内的种类多样性不仅与群落内的种类数量,还与不同物种间个体数量分布的均匀性有关。如两个植物群落分别都有 5 个物种,共 100 个个体,但甲群落中某一物种有 80 个个体,其他物种各有 5 个个体。乙群落中每个物种的个体数都是 20 个。显然乙群落的种类多样性比甲群落大。

为了表达群落间种类多样性,人们提出了许多参数。应用最广的是香农-维纳指数。这一指数来源于信息论,具体的计算方法为

$$H = - \sum_{i=1}^{s} p_i \log_2 p_i$$

公式中,H 表示种类多样性,s 是群落中种的数目,p_i 表示属于第 i 个物种的个体数占群落中总个体数的比值(介于 0 和 1 之间)。因为 p_i 总是 <1,取对数后 <0,所以公式前面加上负号。

2. 重要值

多度、盖度和频度等都是从一个侧面来表达物种的特征。在进行群落间比较时需要把这些特征综合起来。目前使用最广的是计算每一个物种的重要值。

重要值 =(相对密度 + 相对频度 + 相对优势度)/300

由于相对优势度难以定量,一般用相对盖度来代替。

相对密度 =(一个种的密度/所有种的密度)× 100

相对频度 =(一个种的频度/所有种的频度)× 100

相对盖度 =(一个种的盖度/所有种的盖度)× 100

(四) 实习操作

根据研究目的的不同,样地记录的内容和方式可以有差异。本实习中森林群落采用 10 m × 10 m 的样方,草原群落采用 2 m × 2 m 的样方进行调查。

野外调查中分层记载种类名称、多度、盖度和高度等信息。

对于森林群落,分乔木层、灌木层、草本层、立木更新层、枯落物层分别进行记载。

(1) 乔木层进行每木调查,分别量测胸径、基径,估测冠幅、树高。

(2) 灌木层和草本层,记载种名、丛数或多度、盖度、高度。

(3) 立木更新层,根据高度划分龄级,根据龄级记载不同幼苗和幼树的数量,定性描述其分布状况。

(4) 枯落物层,记载其组成、覆盖程度和分布等指标。

4.1.4　实习区主要群落类型的特征

1. 蒙古栎林

蒙古栎林为中国温带、暖温带地带性的群落类型,在本区内主要分布于冀北山地海拔 1400 m 以下,土壤为棕壤,由于受人为活动的影响,森林片断面积较小,一般在几百平方米以内,或呈萌生丛,多分布于半阴坡。在坝上高原面局部地区散生成疏林。

2. 白桦林

白桦林是本区普遍分布的一种群落类型。分布的海拔范围为 1100 ~ 1750 m。其土壤为灰色森林土,表层 10 ~ 20 cm 含有机质,以下为沙。这种土壤条件有利于保证白桦生长所需的水分。根据其种类组成,可以划分为两个亚类。一类含缬草、花莸、二叶舞鹤草和林问荆等喜冷湿的种类,它们分布于海拔 1450 m 以上;另一类基本不含上述种类,而含有另外一组种类,包括虎榛子、北柴胡、蓬子菜、斑叶堇菜、菊叶委陵菜和茜草,这一亚类分布于海拔 1450 m 以下。根据区分种类出现的恒有度和盖度,分别称为缬草—白桦林和虎榛子—白桦林。

3. 棘皮桦林

棘皮桦林分布于冀北山地海拔 1200 至 1600 m 处,坝上部分偶有出现。其林下含有稠李、猪殃殃、展枝沙参、北方沙参,这些种类在本区内其他森林类型中较少出现。

棘皮桦林与蒙古栎林的自然分布区域相一致,通常在坡上至脊部为蒙古栎林,其下为棘皮桦林。

4. 山杨林

山杨林在本研究区内主要分布于内蒙古高原海拔1450 m以下的山地丘陵阴坡,与虎榛子-白桦林有类似的生境条件,有时林下混有白桦和蒙古栎等,但其生境更偏干,分布比白桦林更接近于草原区。

5. 白扦林

在本实习区内,白扦林处于其分布的北界。内蒙古高原的白扦林具有超地带性,仅有零星的片断见于局部沙地风蚀坑内。从种类组成来看,不仅乔木层普遍出现白桦,而且草本层还较多出现冷蒿等草原种。

野外调查表明离草原带越近,白扦更新越困难。白扦的生态习性是喜冷湿,而越接近草原带,气候越趋冷干,而此时沙地较好的土壤水分条件为其生长提供了保证。

6. 油松林

油松在坝下地区能正常分布。在内蒙古高原只在有限的沙地内(位于塞罕坝林场的四道河口、位于浑善达克沙地东部的源水头、响水、纳尔苏和甘旗纳尔斯)呈片断分布,具有超地带性。大的片断有数百平方米,小的片断只有数棵油松。

7. 虎榛子灌丛

虎榛子灌丛是本研究区内最普遍出现的一种灌丛类型。在冀北山地沟谷,虎榛子灌丛中的种类较少,而坝上地区虎榛子灌丛内的种类较多。

8. 低地草甸

低地草甸一般分布于海拔1400 m以上的低湿地。在不同的生境条件下,鹅绒委陵菜、寸草薹和灰脉薹草均可能成为优势种,群落中常出现一些柳属灌木。

9. 山地草甸

山地草甸分布于海拔1450 m以上地区,主要见于森林边缘或者大的森林斑块之间。地榆、裂叶蒿和华灰早熟禾在不同的小生境条件下分别成为优势种。

10. 贝加尔针茅草原

贝加尔针茅草原为草甸草原群落,分布在海拔 1400 ~ 1550 m 的缓丘上部和顶部,出现地榆和裂叶蒿两个喜湿种类,在海拔 1400m 以下的高原面,则不出现这两个种类。在地形部位上,贝加尔针茅草原相当稳定地分布于排水良好的丘陵坡地、台地、山前倾斜平原等,在丘陵坡地分布在坡地中段,往上至坡地上部与丘顶土层渐薄,常为线叶菊草原所代替。在本实习区内,森林一般分布在陡阴坡,其他地貌部位主要为草原群落。

11. 羊草草原

羊草草原是实习区草原带普遍分布的一种草原群落类型,主要分布在土质疏松的地点。由于人为干扰强烈,样地内普遍出现冷蒿、糙隐子草、黄囊薹草和茵陈蒿。受人为干扰强度的不同,这些种类均可能成为优势种。在偏湿润的生境条件下,羊草草原一般与线叶菊草原镶嵌分布。

12. 克氏针茅草原

克氏针茅草原为典型草原类型,分布在海拔 1400 m 以下的内蒙古高原。样地内的植物种类丰富度显著低于草甸草原,除克氏针茅以外,常出现瓣蕊唐松草、阿尔泰狗娃花等双子叶植物。在强烈人为干扰的区域,寸草薹普遍分布。

13. 榆树疏林

榆树疏林主要分布于沙地坡脚。在浑善达克沙地成片分布,在其他地区成零星片断。乔木层仅出现榆树一种,盖度一般在 30% 以下。榆树疏林中草原成分发育而森林群落中常见种类较少出现。由于受过度放牧的影响,退化草原的指示种,如冷蒿、糙隐子草、黄囊薹草和星毛委陵菜等,较多出现。

4.2 土壤调查

4.2.1 基本要求

（1）认识土壤并掌握土壤调查的一般方法；

（2）了解土壤在人类–自然生态系统中的地位；

（3）学习与生态学相关的土壤采样及野外实验方法。

4.2.2 实习内容

（一）土壤剖面的挖掘与观察

（1）土壤剖面挖掘的目的、原则与方法；

（2）不同海拔、地理位置及植被类型的土壤剖面的观察；

（3）土壤侵蚀与水土保持。

（二）土壤在生态系统能量流动和物质循环中的地位

（1）土壤对能量流动的调节作用（体现在对辐射的反射、对温度的影响等方面）；

（2）土壤在生态系统碳（C）循环中的作用；

（3）土壤在生态系统氮（N）、磷（P）循环中的作用；

（4）土壤对生态系统水分流动的调节。

（三）与生态学相关的土壤采样及野外实验方法

1．土壤理化性质的采样及测定

包括土壤容重、土壤温度、土壤水分、土壤酸碱度，土壤颗粒分析等。

2．土壤系统中的生态过程的观测方法

（1）土壤系统 C 库（pools）及通量（fluxes）：包括枯枝落叶的积累与分解，土壤呼吸，土壤有机 C 库的动态，根系及共生真菌的生长、死亡、分解及呼吸等；

（2）土壤系统 N 库及循环（cycling）：N 的矿化、吸收及淋失；

（3）土壤 P 的动态：P 的矿化、吸收及固定；

（4）土壤水分动态；

（5）土壤与森林生态系统生产力。

4.2.3 实习工具

土壤野外速测箱（小卷尺、米尺、剖面刀、稀盐酸、pH 试纸、蒸馏水、白瓷板等）、橡皮筋、罗盘、野外工作包、标准土壤色卡、记录夹、土壤剖面描述手册、铁锹、铁铲、土钻等。

4.2.4 实习方法

1. 实习路线的确定

结合植物地理实习，选择一条有较大土壤变化的线路进行调查，选择的路线应包括当地典型的地带性土壤。

2. 土壤剖面位置的确定

沿实习路线对主要土壤类型进行观察，剖面位置应有代表性。

3. 土壤剖面的要求与准备

平地要求土壤剖面大小为 120 cm（长）×80 cm～100 cm（宽）×100 cm（深），呈一面平直（观测面）。另一面为阶梯状土坑，观测面朝阳或在上坡向；挖掘剖面时不同层次的土壤分开堆置，以便观测后按层次填坑。土壤观测面上方严禁践踏、站人和堆土。剖面挖好后，一半用刀铲铲成光面，另一半用剖面刀雕成自然毛面，剖面中间设置一个米尺。

4. 剖面观测与采样

（1）挖掘剖面的同时，记载剖面所在地的成土条件（母质，地形，气候，生物，时

间,自然或人为干扰等);

（2）根据土壤颜色、根系、松紧度、质地、新生体、孔隙等特点综合划分土壤层次;

（3）根据《土壤剖面描述标准》(附录 D)由上往下描述土壤,记录每层的深度、名称、界线、色斑(新生体或侵入体)、质地、结构等;

（4）根据观察结果概括土壤特性,推测分析土壤成土过程并对土壤进行初步(野外)定名;

（5）根据土壤理化分析的需要从下往上采集土壤样品,取样工具为环刀。采集的土壤样品首先称量湿重,然后烘干后称量干重。烘干温度和时长根据土壤质地和有机质含量确定。

5. 土壤剖面观察分析要点

（1）观察原则:整体—局部(细节)—整体;

（2）严格按照《土壤剖面描述标准》分层描述、记载(图4-3)。

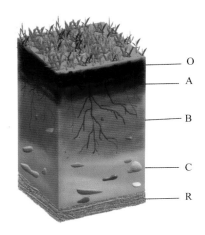

图4-3　土壤结构与分层
O、A、B、C 和 R 分别表示残落物层、淋溶层、淀积层、母质层和母岩层

（3）多动手,勤观察,勤比较,与同组同学多讨论;

（4）注意土壤母质、成土环境(局部地段地形、植被、干扰等),仔细分析土壤性质与成土因素之间的关系;

（5）全面记载:实习中每组填写一份土壤剖面描述表 (该表应包括在每人的实习报告中,并附以文字说明),同时记录实习中遇到的有关土壤的认识和问题,并将这些内容反映在实习报告中,增加实习报告的创造性成分。

6. 土壤野外考察分析与综合

也可用作实习报告中土壤描述与分析。（1）~（6）为土壤调查部分,（7）~（8）为土壤生态过程部分:

（1）土壤成土条件概括;

（2）土壤剖面特点概括;

（3）土壤成土过程推测分析;

（4）土壤剖面特点、土壤发育与局部成土环境之间的关系;

（5）实习区域内土壤与区域生物气候之间的关系;

（6）特殊土壤层次、埋藏土壤与环境变迁、人为活动的相互关系;

（7）土壤生态系统的主要生态过程及测定方法;

（8）利用土壤生态过程的测定数据预测环境变化(CO_2 浓度升高,气温升高,N 沉降,降雨格局的变化等)对生态系统结构功能(如养分循环、生产力、物种组成等)的影响。

4.2.5　实习测验

土壤剖面实地观察,要求对所选择的剖面分层描述,最后根据剖面特征确定土壤类型。

4.2.6 实习区土壤概述

(一) 土壤诊断层

土壤诊断层包括表层和表下层。

(1) 表层。有机物质表层(e. g., Histic epipedon)、腐殖质表层(e. g., Mollic epipedon)、人为表层(灌淤、堆垫、肥熟、水耕)、结皮表层等。

(2) 表下层。漂白层(Albic horizon)、舌状层(Glossic)、雏形层(Cambic)、铁铝层(Ferralic)、低活性富铁层(LAC-ferric)、聚铁网纹层(Plinthic)、灰化淀积层(Spodic)、耕作淀积层(Agric)、水耕氧化还原层(Hydragric)、黏化层(Argic)、黏磐(Claypan)、碱积层(Alkalic)、超盐积层(Hypersalic)、盐磐(Salipan)、超石膏层(Hypergypsic)、钙积层(Calcic)、超钙积层(Hypercalcic)、钙磐(Calcipan)、磷磐(Phorphipan)、盐积层(Salic)、含硫层(Sulfuric)。

(二) 中国土壤分类原则(龚子同,1999)

(1) 土纲:最高分类级别。根据主要成土过程产生的或影响主要成土过程的性质划分。

(2) 亚纲:主要根据影响现代成土过程的控制因素所反映的性质(如水分、温度、岩性等)。

(3) 土类:根据反映主要成土过程强度或次要成土过程的控制因素的性质划分(如盐化、钙化的强度等)。

(4) 亚类:主要根据是否有附加过程的特性和是否有母质残留的特性划分(如灰化、漂白、龟裂等)。

(5) 土族:反映与土壤利用管理有关的土壤理化性质发生明显分异的续分单元(如土壤颗粒的大小级别)。

(6) 土系:最小分类单元。反映不同地形或其他因子影响下造成的土壤剖面的不同特征（如层位高低厚薄等）。

按照新的诊断学分类，中国和美国的土壤分类系统对于土纲的划分比较接近，但仍然有一些区别（表4-5）。

表4-5　中国和美国土壤分类系统中土纲的差别

中国土纲	美国土纲
人为土	——
淋溶土	Alfisols（淋溶土）
火山灰土	Andisols（火山灰土）
干旱土	Aridisols（干旱土）
盐成土	（干旱土）
新成土	Entisols（新成土）
永冻土	Gelisols（永冻土）
有机土	Histosols（有机土）
雏形土	Inceptisols（始成土）
潜育土	（始成土）
均腐土	Mollisols（软土）
铁铝土	Oxisols（氧化土）
灰土	Spodosols（灰土）
富铁土	Ultisols（老成土）
变性土	Vertisols（变性土）

（三）实习区的主要土壤类型

实习区主要出现的土纲包括新成土、雏形土、有机土、潜育土、均腐土和淋溶土，各土纲的特征如下：

1. 新成土

符合以下特征的土壤可以定为新成土纲：

- 具有弱度或没有土层分化的土壤；

- 有一个淡薄表层或人为扰动层；

- 以矿质土占绝对优势。

这类土壤发育的原因是年轻性、侵蚀性、间断沉积性母质的深刻影响及人为扰动等,可出现在任何植被、气候、地形、风化物和沉积物条件下。

2. 雏形土

符合以下特征的土壤可以定为雏形土纲：

- 土壤发育程度弱,诊断层不明显,B 层初步发育；

- 一般为 A – (B) – C 型剖面；

- 进一步发育可成为淋溶土。

雏形土是土壤分类系统中的一个大口袋,除有明显诊断特征的土纲和新成土外,其余均归入雏形土。

3. 有机土

符合以下特征的土壤可以定为有机土纲：

- 泥炭化为主要成土过程:有机物质的积累超过分解；

- 冷湿、厌氧成土环境(沼泽、湿地),剖面发育不明显(H 或 H – G)；

- 有机质含量高（可达 500 g/kg）,泥炭层呈黑色或暗棕色,潜育层呈灰绿色或浅蓝色。

4. 潜育土

潜育是指土壤长期或经常性受水分饱和而经历物质还原反应,最终形成典型灰蓝颜色和特殊结构的土壤过程。潜育土总是和低洼地形相联系,过量水分是主要成土因素。潜育土的诊断特征为:按体积计,50% 以上的土壤基质色调比 7.5 Y 更绿或更蓝,或无彩色,或有少量锈斑纹、铁锰凝团、结核或铁锰管状物。

5. 均腐土

均腐土具有以下三大特征:

- 暗沃表层;

- 均腐殖质特征,腐殖质 C/N 比小于 17,或表层无厚度 >5 cm 的有机土壤物质;

- 盐基饱和度(180 cm 内)≥50% 的土壤。

6. 淋溶土

符合以下特征的土壤可以定为有机土纲:

- 黏化层在土壤剖面中部的存在是淋溶土的必备条件;

- 剖面为 A – B – C 或 O – A – Bt – C 型。

- 黏化层经过黏化作用而形成。黏化作用一般是指层状硅酸盐黏粒由表面迁移后淀积于剖面一定深度,并达到一定程度的过程。

4.3　水分和养分控制实验

4.3.1　森林加肥控制实验

森林加肥控制实验主要是通过添加不同浓度氮肥(尿素),观测不同林龄的华北落叶松树木生长以及土壤生态过程如何响应。

实验样地位于河北省围场县塞罕坝机械林场境内北京大学地球环境与生态系统塞罕坝实验站以南 500 m 处,海拔约 1531 m,地理坐标为 42°25′N、117°15′E。年平均气温为 –1.2 ℃,年平均降雨量 438 mm,土壤类型为风沙土。植被为华北落叶松人工林,林下灌木稀少,草本植物以披针叶薹草、腺毛委陵菜、地榆、瓣蕊唐松草为主。

目前正在进行的观测项目有:① 地下 10 cm 处土壤温度及体积含水量自动监测;② 土壤总有机碳、土壤全氮、土壤活性有机碳、土壤活性氮;③ 土壤总呼吸;④ 土壤氮矿化;⑤ 根系生物量与细根生产力;⑥ 乔木径向生长监测;⑦ 草本植物群落地上生物量与物种组成变化调查等。

4.3.2 草原恢复控制实验

草原恢复控制实验的目的是监测水分和养分如何影响草地恢复的过程,地点在内蒙古克什克腾旗乌兰布统苏木境内。共 5 块 1 公顷(ha,10^4 m^2)的样地,组成一个退化梯度序列。

水分控制实验主要通过控制季节性水分供给来观测不同退化草地的生长过程,具体包括物候变化、生物量变化、种类组成变化以及土壤过程(水分、养分、呼吸)的变化。具体的控制措施包括生长季各个月份的加水和减水实验,生长期前期的移雪实验。养分控制实验与森林群落类似。在样地围栏内划分了小样地,考虑到不同的水分和养分梯度在小样地尺度上开展重复实验。

土壤水分观测设施包括 EM50 自动温湿度记录仪(每个样地 1 个)和 TDR(每个样地内多个)。测量时,金属波导体被用来传输 TDR 信号,工作时产生一个 1 GHz 的高频电磁波,电磁波沿着波导体传输,并在探头周围产生一个电磁场。信号传输到波导体的末端后又反射回发射源。传输时间在 10 ps ~ 2 ns 间。这种专利测量技术的发明,使得仪器可以检测到小至 3 ps 的时间信号。通过随时采样,土壤水分的测量变得更为准确和方便。土壤呼吸采用 LI-COR8100 土壤呼吸仪人工测定。

植物生长动态采用跟踪照相、定期取样和量测等多种方法结合的手段。

4.4 树木年轮与根系观测

4.4.1 树木年轮取样

在白扦坑开展树木年轮的取样,主要目的是通过树木年轮取样分析群落的年龄结构,揭示径向生长与高生长的关系。

1. 树木年轮研究的采样标准

树木的茎干在春季开始加粗生长时,形成的细胞通常具有较大的细胞腔和较薄的细胞壁,颜色较浅,这部分生长的木质称为早材;夏秋两季,树木生长形成的细胞则体积逐渐变小,细胞壁逐渐加厚,颜色变深,直到停止生长,这部分的木质叫作晚材。早材与当年的晚材组成一个年轮,第二年春季树木又重新开始生长,形成的浅色早材与前一年深色的晚材之间形成一条明显的界线,成为科学工作者判断树木年轮生长宽度的依据。

由于优良的生境能够缓解气候变化对树木生长的影响,因此在土壤条件较差生境中生长的树木对气候变化较为敏感,在野外采样时应该严格遵循树木年轮研究的采样标准进行,充分考虑树木生长的各类限制因子,具体包括以下几个方面内容:

(1) 从大环境看,采样点应该远离人为活动影响较强的地区。利用树木生长的位置,选择受气候因子限制强烈、干直粗圆、树龄较长的树木,而且未受火灾、病虫害等干扰。

(2) 从小环境看,采样点的地形比较一致,土壤厚度适中,郁闭度较小。充分考虑坡向、坡位、立地条件等限制因子。

(3) 所选择的树种一般要求生长周期较长、生长较慢、树芯不易腐烂的树种。样芯采集通常在胸高部位,在平行于山坡走向的方向上从树的两侧用生长锥钻取正交叉的两个样芯,对于某些生长在悬崖及陡坡上的树木,限于采样环境条件,样芯的钻取高度和方向或有不同。一般在同一采样点采集20棵树木左右。

2. 采样工具:树木年轮生长锥

树木年轮生长锥是由一个直径约6 mm、长度为40~80 cm不等的空心钻杆和一个比之略长略粗的空心手柄组成,钻杆头是锋利的螺旋形钻头。选取生长相对独立,树冠较为平整的成年大树,选好取样位置后,将生长锥对准树干的中心,顺时针方向用力旋转,待钻过树心后,用配套的锯齿形长掏匙将树芯从钻杆里面取出来,装入准备好的剖开的塑料吸管里,用医用胶布在吸管的两头缠绕固定,在吸管上用油性笔标注样品代码。这样既可以使样芯中的水分充分挥发避免样芯发霉,又可对样芯起固定和保护作用。最后逆时针方向把生长锥从树木中旋转出来。这样就完成了一个树芯样本的采集过程了。

4.4.2 根系观察

利用自然剖面,观察草本植物和木本植物根系在土壤中的分布,比较沙土和壤土中植物根系的分布深度。

植物根系在土壤中的分布可以反映土壤水分状况及其分布(图4-4)。不同土壤质地、不同地形条件的土壤水分分布迥异,通过观察植物根系的分布可以认识土壤水分的分布,推断植物在干旱条件下的水分利用策略。

4.5 区域景观格局分析

4.5.1 实习目的

(1)掌握地面观测与遥感影像解译的基本方法;

(2)初步分析区域景观格局,并探讨其成因。

4.5.2 实习方法

通过路线考察,穿越不同的地表覆盖类型,对照遥感影像,分析不同地表覆盖类型的影像特征。通过遥感影像分析,分析区域景观格局,结合气候、地貌资料,分析景观格局的成因。

图 4-4 沙土中密集的植物根系(刘鸿雁摄)

4.5.3 实习内容

（1）比较河谷、沙地、山地不同的影像特征；

（2）比较森林(针叶林、阔叶林)和草原的影像特征；

（3）如何从遥感影像上判读植被退化？

4.5.4 区域遥感影像

有关研究区的地形和植被特征在第 2 章中已经有详细的论述。考虑到学生不一定都先修了遥感课程,本实习提供谷歌地球的真彩色影像(图 4-5)。通过地形和植被的综合分析,可以准确判定区域景观结构,从而有助于认识区域生态特征以及生态问题形成的背景。

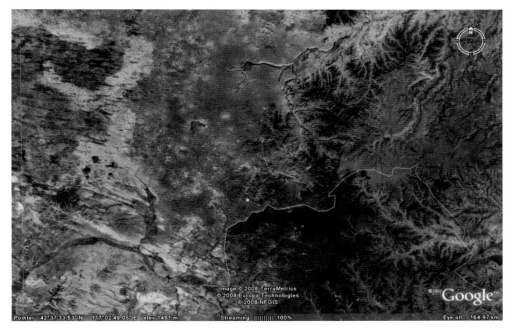

图 4-5 实习区遥感影像(谷歌地图截图)

从遥感影像中可以清晰地看出东部和东南部为山地、西部和西北部为沙地的地貌格局。沙地森林、沟谷农田和沙地草原的植被格局也清晰可见。此外,从遥感影像中可看出退化草原呈白色斑块或者条带状分布在沙地中。

第5章　如何撰写实习报告

5.1　野外资料的处理

野外实习资料是撰写实习报告的基础。野外样方调查资料和土壤剖面描述分组进行,需要分组整理后才能提供给全组同学使用,作为实习报告的数据来源。野外群落调查实际上是对群落种类组成和结构快速评估,一些指标为半定量的估算,需要重新对其进行量化,才能达到定量统计分析的目的。

5.1.1　一般要求

根据实习的特点,对数据处理的一般要求如下:

(1) 各组统一处理, 整理后供本组人员使用和他组人员参考;

(2) 组内成员核对, 确保植物名称和专业名词准确无误;

(3) 量化数据要求小数点后保留一位小数, 特别要求的数据项除外;

(4) 图示化数据整理后扫描成图片, 特别要求的图表由个人手绘;

(5) 共享数据仅限于野外资料的初步整理结果, 对资料的进一步分析以及特定指标的计算由个人完成。

5.1.2　环境条件

样方调查记录的环境条件数据按以下要求处理:

(1) 样地位置

可以根据经度、纬度、海拔数据标示在地图上。

（2）样地地形特点（图示或列表表示）

（3）样地土壤特点

根据对应的土壤观测结果描述。

（4）样地地表覆盖（列表表示）

（5）群落季相及一般特征（列表表示）

（6）人为干扰状况（列表表示）

5.1.3 物种的数量特征

野外记录的物种数量特征是计算每个物种重要值的基础，量化处理的方式如下：

（1）多度：cop3 = 100，cop2 = 75，cop1 = 50，sp = 25，sol = 10，un = 1；

（2）盖度：按照百分比盖度；

（3）频度：按照某一物种出现的小样地数；

（4）重要值的计算：

$$相对多度 = 一个物种的多度/样地内所有物种的多度之和$$

$$相对盖度 = 一个物种的盖度/样地内所有物种的盖度之和$$

$$相对频度 = 一个物种的频度/样地内所有物种的频度之和$$

$$重要值 = (相对多度 + 相对盖度 + 相对频度)/300$$

对于森林群落，分层计算各物种的重要值；对于草原群落，由于缺少频度记录，可以多组共享资料，或者用相对高度代替相对频度，计算方法类似。

5.1.4 多样性的有关指标

（1）α 多样性

应用最广的是香农-维纳指数，用重要值表示 pi。

（2）β 多样性

应用最广的是 Jaccard 指数。

（3）种–面积曲线

$$\lg S = c + z \lg A$$

式中，S 表示种数，A 表示面积，c 和 z 为常数。

5.1.5　土壤水分

（1）称重法

对土壤剖面中用环刀采集的样品，分别称量其湿重和干重，然后根据以下公式计算重量百分比。

$$重量百分比 = (湿重 - 干重)/干重$$

进一步根据土壤容重计算体积百分比

$$容重 = 单位体积内的干重 = 环刀内土壤的干重/环刀体积$$

式中，取样用的环刀体积一般为 200 cm^3。

（2）TDR 数据

采用直接记录的数据，表示的是体积百分比。

5.2　实习报告的撰写

5.2.1　一般要求

运用本组的资料，结合其他组的资料，参阅有关文献，独立撰写实习报告；要求按照科研论文的格式撰写实习报告，具体参照"植物生态学报"的格式要求；

评价标准

- 优秀：有明确的主题，逻辑性强，写作规范；

- 良好：主题较明确，但主要限于数据的描述，缺少讨论，写作较规范；

- 及格：主题不明确，但对野外调查结果进行了详细的描述和归纳，写作较规范；

- 不及格：对野外调查结果没有进行总结，写作不规范。

5.2.2 实习报告各部分的撰写

科学论文的一般结构包括前言、研究区域(材料)与方法、结果、讨论和结论 5 个部分。前言部分主要是陈述相关主题的研究意义，然后根据文献总结该主题当前的研究空白，最后在此基础上提出本文的科学问题；研究区域(材料)与方法部分根据研究主题介绍本文的研究区(材料)基本情况和采用的研究方法；结果部分陈述与主题相关的结果；讨论部分围绕前言中提出的科学问题展开讨论；结论部分根据讨论得出本文的结论。

(一) 确定主题

实习报告的主题可以从以下几个方面考虑：

- 选择自己认识最为深刻的内容；

- 选择自己最感兴趣，而且材料较为充分的内容；

- 查阅前人的工作，提出科学问题和假说；

- 评估所获取的数据是否足以说明所要解决的科学问题；

- 进一步查阅文献资料，对全文进行构思。

(二) 资料分析方法

在确定主题以后，需要围绕主题选择相关的数据和资料，并对数据和资料进行分析。常用的资料分析方法包括如下三种：

(1) 对比分析

- 不同群落类型的对比，如森林与草原的对比；

- 不同地形条件的对比,如阴坡与阳坡的对比;

- 不同人类影响的对比,如天然林与人工林的对比。

（2）梯度分析

- 沿降水梯度白桦林种类组成和多样性的变化;

- 沿地形梯度草本植物的变化;

- 沿海拔梯度植被特征的变化。

（3）多元统计分析

将群落组成特征与环境因子进行多元统计分析,如 PCA,DCA,CCA 等,可以考虑用样地内各物种的重要值作为输入矩阵。

（三）如何进行讨论

讨论不是结果部分的重复和浓缩,需要结合自己的结果对所提出的科学问题进行分析,然后结合文献进一步佐证自己的分析;最后提出本文结果对未来同类工作可能的意义。

（四）如何归纳结论

结论不是结果和讨论部分的重复,而是对科学问题的回答。结论的归纳必须与前言部分提出的科学问题结合起来,不能漫无目的;要实事求是地得出本文的结论,不能大而空。对于推论性的结论,使用极可能、很可能、可能、不能排除等进行描述。

（五）语言组织与行文规范

作为科学论文,在语言组织和行文方面有一定的约定俗成,包括:

（1）运用科学术语,勿用文学性描述;

（2）尽量用第三人称;

（3）图表说明清楚,图名放在图的下方,表名放在表的上方;

（4）文献:文献引用按照统一的格式,角标顺序式或作者年代式,正文中和参考文献中做到一一对应;

（5）致谢:对帮助收集和处理数据以及提供一般性帮助的人致以谢意,涉及人名一律用姓名表示,勿用网名或昵称。致谢部分一般放在论文的结论部分之后,或者放在首页作为脚注。

（六）实习感言

实习感言不作为实习报告的一部分,应单独行文。作者可以表达自己的感受,或对如何改进实习提出建议。实习感言可以使用文学性语言。

附录 A 区域主要植物名录

本附录所列植物名称均按照《河北植物志》（河北植物志编辑委员会，1986—1991）和《内蒙古植物志》（内蒙古植物志编辑委员会，1989—1998）。各科的顺序根据以上植物志，按恩格勒系统排序。

1. 木贼科

问荆 *Equisetum arvense*

林问荆 *Equisetum sylvaticum*

草问荆 *Equisetum pratense*

沼问荆 *Equisetum palustre*

2. 蕨科

蕨 *Pteridium aquilinum*

3. 中国蕨科

银粉背蕨 *Aleuritopteris argentea*

4. 蹄盖蕨科

羽节蕨 *Gymnocarpium disjunctum*

5. 松科

杜松 *Juniperus rigida*

华北落叶松 *Larix principis-rupprechtii*

白扦 *Picea meyeri*

油松 *Pinus tabulaeformis*

6．柏科

沙地柏 *Sabina vulgaris*

7．杨柳科

山杨 *Populus davidiana*

黄花柳 *Salix caprea*

乌柳 *Salix cheilophila*

中国黄花柳 *Salix sinica*

黄柳 *Salix flavida*

皂柳 *Salix wallichiana*

卷边柳 *Salix siuzevii*

蒿柳 *Salix viminalis*

筐柳 *Salix cheilophila*

伪蒿柳 *Salix viminalis* var. *gmelinii*

崖柳 *Salix xerophylla*

8．桦木科

沙生桦 *Betula gmelinii*

黑桦 *Betula dahurica*

白桦 *Betula platyphylla*

柴桦 *Betula fruticosa*

毛榛 *Corylus mandshurica*

平榛 *Corylus heterophylla*

虎榛子 *Ostryopsis davidiana*

9．壳斗科

蒙古栎 *Quercus mongolica*

10. 榆科

大果榆 *Ulmus macrocarpa*

榆 *Ulmus pumila*

11. 荨麻科

麻叶荨麻 *Urtica cannabina*

12. 桑科

野大麻 *Cannabis sativa* f. *ruderalis*

13. 檀香科

长叶百蕊草 *Thesium longifolium*

14. 蓼科

野荞麦 *Fagopirum tataricum*

兴安蓼 *Polygonum ajanense*

萹蓄 *Polygonum aviculare*

拳参 *Polygonum bistorta*

叉分蓼 *Polygonum divaricatum*

酸模叶蓼 *Polygonum lapathifolium*

桃叶蓼 *Polygonum persicaria*

珠芽蓼 *Polygonum viviparum*

高山蓼 *Polygonum alpinum*

长鬃蓼 *Polygonum longisetum*

卷茎蓼 *Polygonum convolvurus*

河北大黄 *Rheum franzenbachii*

酸模 *Rumex acetosa*

毛脉酸模 *Rumex gmelinii*

小酸模 *Rumex acetosella*

15. 藜科

轴藜 *Axyris amaranthoides*

杂配轴藜 *Axyris hybrida*

雾冰藜 *Bassia dasyphylla*

卷耳 *Cerastium avense*

细叶卷耳 *Cerastium avense* var. *angustifolium*

尖头叶藜 *Chenopodium acuminatum*

藜 *Chenopodium album*

灰绿藜 *Chenopodium glaucum*

东亚市藜 *Chenopodium urbicum* subsp. *sinicum*

红叶藜 *Chenopodium rubrum*

刺藜 *Chenopodium aristatum*

木地肤 *Kochia prostrata*

猪毛菜 *Salsola collina*

16. 石竹科

石竹 *Dianthus chinensis*

瞿麦 *Dianthus superbus*

女娄 *Melandrium apricum*

粗壮女娄 *Melandrium firmum*

毛女娄 *Melandrium firmum* var. *publicalycinum*

山女娄 *Melandrium tatarinowii*

种阜草 *Moehringia lateriflora*

旱麦瓶草 *Silene jenisseensis*

毛萼麦瓶草 *Silene repens*

兴安繁缕 *Stellaria cheleriae*

叉歧繁缕 *Stellaria dichotoma*

内曲繁缕 *Stellaria infracta*

繁缕 *Stellaria media*

沼繁缕 *Stellaria palustris*

17. 毛茛科

草乌头（北乌头）*Aconitum kusnezoffii*

高乌头 *Aconitum sinomontanum*

升麻 *Cimicifuga dahurica*

耧斗菜 *Aquilegia viridiflora*

华北耧斗菜 *Aquilegia yabeana*

大花银莲花 *Anemone silvestris*

银莲花 *Anemone cathayensis*

长毛银莲花 *Anemone narcissiflora* var. *crinita*

小花草玉梅 *Anemone rivularis*

驴蹄草 *Caltha palustris*

芹叶铁线莲 *Clematis aethusifolia*

山蓼铁线莲 *Clematis hexapetala*

大瓣铁线莲 *Clematis macropetala*

翠雀（大花飞燕草）*Delphinium grandiflorum*

细叶白头翁 *Pulsatilla turczaninovii*

毛茛 *Ranunculus japonicus*

茴茴蒜 *Ranunculus chinensis*

贝加尔唐松草 *Thalictrum baicalense*

瓣蕊唐松草 *Thalictrum petaloideum*

卷叶唐松草 *Thalictrum petaloideum* var. *supradecompositum*

箭头唐松草 *Thalictrum simplex*

展枝唐松草 *Thalictrum squarrosum*

卷叶唐松草 *Thalictrum petaloideum* var. *supradecompositum*

金莲花 *Trollius chinensis*

18．芍药科

白芍 *Paeonia lactiflora*

19．小檗科

大叶小檗（黄栌木）*Berberis amurensis*

细叶小檗 *Berberis poiretii*

20．罂粟科

野罂粟 *Papaver nudicaule*

21．十字花科

硬毛南芥 *Arabis hirsuta*

垂果南芥 *Arabis pendula*

小花花旗竿 *Dontostemon micranthus*

无腺花旗竿 *Dontostemon eglandulosus*

橙黄糖芥 *Erysimum bungei*

小花糖芥 *Erysimum cheiranthoides*

葶苈 *Draba nemorosa*

光果葶苈 *Draba nemorosa* var. *leiocarpa*

蒙古葶苈 *Draba mongolica*

香花芥 *Hesperis trichosepala*

雾灵香花芥 *Hesperis oreophila*

独行菜 *Rorippa indica*

山遏蓝菜 *Teraspi cochleariforme*

22. 景天科

辽瓦松 *Orostachys cartilaginea*

钝叶瓦松 *Orostachys malacophyllus*

瓦松 *Orostachys fimbriatus*

土三七(景天三七) *Sedum aizoon*

华北景天 *Sedum tatarinowii*

23. 虎耳草科

东陵八仙花 *Hydrangea bretschneideri*

梅花草 *Parnassia palustris*

楔叶茶藨子 *Ribes diacanthum*

糖茶藨子 *Ribes emodense*

24. 蔷薇科

龙牙草 *Agrimonia pilosa*

地蔷薇(直立地蔷薇) *Chamaerhodos erecta*

全缘栒子 *Cotoneaster integerrimus*

黑果栒子 *Cotoneaster melanocarpus*

少花栒子 *Cotoneaster mongolicus*

灰栒子 *Cotoneaster acutifolius*

辽宁山楂 *Crataegus sanguinea*

山里红 *Crataegus pinnatifida* var. *major*

蚊子草 *Filipendula palmata*

东方草莓 *Fragaria orientalia*

水杨梅 *Geum aleppicum*

山荆子 *Malus baccata*

星毛委陵菜 *Potentilla acaulis*

疏毛钩叶委陵菜 *Potentilla ancistrifolia* var. *dickinsii*

鹅绒委陵菜 *Potentilla anserina*

三出叶委陵菜 *Potentilla betonicaefolia*

高二裂委陵菜 *Potentilla bifurca* var. *major*

匍枝委陵菜 *Potentilla flagellaris*

莓叶委陵菜 *Potentilla fragarioides*

等齿委陵菜 *Potentilla simulatrix*

西山委陵菜 *Potentilla sishanensis*

腺毛委陵菜 *Potentilla longifolia*

菊叶委陵菜 *Potentilla tanacetifolia*

轮叶委陵菜 *Potentilla verticilaris*

中华委陵菜 *Potentilla chinensis*

金露梅 *Potentilla fruticosa*

稠李 *Prunus padus*

山杏 *Prunus sibirica*

美蔷薇 *Rosa bella*

大叶蔷薇 *Rosa acicularis*

山刺玫 *Rosa davurica*

石生悬钩子 *Rubus saxatilis*

茅莓悬钩子 *Rubus parvifolius*

地榆 *Sanguisorba officinalis*

珍珠梅 *Sorbaria kirilowii*

百花山花楸 *Sorbus pohuashnensis*

25．豆科

斜茎黄芪(直立黄芪) *Astragalus adsurgens*

达乌里黄芪 *Astragalus dahuricus*

皱黄芪 *Astragalus tataricus*

草木樨状黄芪 *Astragalus melilotoides*

小叶锦鸡儿 *Caragana microphylla*

野大豆 *Glycine soja*

狭叶米口袋 *Gueldenstaedtia stenophylla*

米口袋 *Gueldenstaedtia verna*

山竹岩黄芪 *Hedysarum fruticosum*

蒙古岩黄芪(杨柴) *Hedysarum mongolicum*

矮山黧豆 *Lathyrus humilis*

山黧豆(五脉山黧豆) *Lathyrus quinquenervius*

茳芒香豌豆 *Lathyrus davidii*

达乌里胡枝子 *Lespedeza davurica*

尖叶胡枝子 *Lespedeza hedysaroides*

二色胡枝子 *Lespedeza bicolor*

草木樨 *Melilotus suaveolens*

黄香草木樨 *Melilotus officinalis*

二色棘豆 *Oxytropis bicolor*

蓝花棘豆 *Oxytropis coerulea*

砂珍棘豆 *Oxytropis gracillima*

大花棘豆 *Oxytropis grandiflora*

硬毛棘豆 *Oxytropis hirta*

窄膜棘豆 *Oxytropis moellendorffii*

狐尾藻棘豆(多叶棘豆) *Ostryopsis myriophylla*

黄穗棘豆 *Ostryopsis ochrantha*

扁蓿豆 *Pocockia ruthenica*

苦参 *Sophora flavescens*

楼斗叶绣线菊 *Spiraea aquilegifolia*

柳叶绣线菊 *Spiraea salicifolia*

土庄绣线菊 *Spiraea pubescens*

野火球 *Trifolium lupinaster*

披针叶黄华 *Thermopsis lanceolata*

山野豌豆 *Vicia amoena*

广布野豌豆 *Vicia cracca*

大野豌豆 *Vicia gigantea*

多茎野豌豆 *Vicia multicaulis*

大叶野豌豆 *Vicia pseudorobus*

歪头菜 *Vicia unijuga*

26. 牻牛儿苗科

牻牛儿苗(太阳花) *Erodium stephanianum*

粗根老鹳草 *Geranium dahuricum*

毛蕊老鹳草 *Geranium eriostemon*

草原老鹳草 *Geranium pratense*

鼠掌老鹳草 *Geranium sibiricum*

大花老鹳草 *Geranium transbaicalicum*

灰背老鹳草 *Geranium wlassowianum*

27. 亚麻科

宿根亚麻 *Linum perenne*

野亚麻 *Linum steueroides*

28. 芸香科

白鲜 *Dictamnus albus*

29. 远志科

远志 *Polygala tenuifolia*

30. 大戟科

乳浆大戟(猫眼草) *Euphorbia esula*

31. 鼠李科

小叶鼠李 *Rhamnus parvifolia*

鼠李 *Rhamnus davurica*

东北鼠李 *Rhamnus schneideri*

冻绿 *Rhamnus utilis*

32. 葡萄科

蛇葡萄 *Ampelopsis aconitifolia*

33. 藤黄科

乌腺金丝桃 *Hypericum attennatum*

34. 堇菜科

鸡腿堇菜 *Viola acuminata*

双花黄堇菜 *Viola biflora*

球果堇菜(毛果堇菜) *Viola collina*

掌叶堇菜 *Viola dactyloides*

裂叶堇菜 *Viola dissecta*

早开堇菜 *Viola prionantha*

斑叶堇菜 *Viola variegata*

35. 瑞香科

狼毒 *Stellera chamaejasme*

36. 柳叶菜科

柳兰 *Chamaenerion angustifolium*

柳叶菜 *Epelobium hirsutum*

37. 五加科

短梗五加 *Eleutherococcus sessiliflorus*

38. 伞形科

柴胡(北柴胡) *Bupleurum chinense*

鸦葱叶柴胡(红柴胡) *Bupleurum scorzonerfolium*

兴安柴胡 *Bupleurum sibiricum*

黑柴胡 *Bupleurum smithii*

密花岩风 *Cibanotis condensada*

硬阿魏 *Ferula bungeana*

短毛独活 *Heracleum moellendorffii*

辽藁本 *Ligusticum jeholense*

岩茴香(细叶藁本) *Ligusticum tachiroei*

丝叶蛇床 *Ligusticum tachiroei* var. *filisectum*

水芹 *Oenanthe javanica*

前胡(石防风) *Peucedanum terebinthaceum*

防风 *Saposhnikovia divaricata*

泽芹 *Sium suave*

39. 山茱萸科

红瑞木 *Cornus alba*

40. 鹿蹄草科

鹿蹄草 *Pyrola rotundifolia*

41. 杜鹃花科

照山白 *Rhododendron micranthum*

蓝荆子(迎红杜鹃) *Rhododendron macronulatum*

42. 报春花科

北点地梅 *Androsace septentrionalis*

海乳草 *Glaux maritima*

段报春(胭脂花) *Primula maximowiczii*

七瓣莲 *Trientalis europaea*

43. 蓝雪科

二色补血草 *Limonium bicolor*

44. 龙胆科

大叶龙胆 *Gentiana macrophylla*

小龙胆(鳞叶龙胆) *Gentiana squarrosa*

花锚 *Halenia corniaculata*

睡菜 *Menyanthes trifoliata*

荇菜 *Nymphoides pettatum*

45．花葱科

花葱 *Polemonium caeruleum*

46．紫草科

大果琉璃草 *Cynogllossum divaricatum*

鹤虱 *Lappula myosotis*

滨紫草 *Mertensia davurica*

湿地勿忘草 *Myosotis caespitosa*

勿忘草 *Myosotis silvatica*

47．唇形科

细叶益母草 *Leonurus sibiricus*

糙苏 *Phlomis umbrosa*

口外糙苏 *Phlomis jeholensis*

多裂叶荆芥 *Schizonepeta multifida*

并头黄芩 *Scutellaria scordifolia*

黏毛黄芩 *Scutellaria viscidula*

黄芩 *Scutellaria baicalensis*

百里香 *Thymus serphyllum*

蓝萼香茶菜 *Rabdosia japonica*

48．玄参科

达乌里芯芭 *Cymbaria dahurica*

长腺小米草 *Euphrasia hirtella*

柳穿鱼 *Linaria vulgaris*

通泉草 *Mazus japonicus*

返顾马先蒿 *Pedicularis resupinata*

穗花马先蒿 *Pedicularis spicata*

红纹马先蒿 *Pedicularis striata*

轮叶马先蒿 *Pedicularis verticillata*

大婆婆纳 *Veronica dahurica*

白婆婆纳 *Veronica incana*

细叶婆婆纳 *Veronica linariifolia*

兔儿尾苗 *Veronica longifolia*

49. 小二仙草科

狐尾藻 *Myriophyllum spicatum*

轮叶狐尾藻 *Myriophyllum verticillatum*

50. 车前科

车前 *Plantago asiatica*

平车前 *Plantago depressa*

大车前 *Plantago major*

51. 茜草科

猪殃殃 *Galium aparine* var. *tenerum*

北方拉拉藤 *Galium boreale*

蓬子菜 *Galium verum*

毛果蓬子菜 *Galium verum* var. *trachycarpum*

线叶猪殃殃 *Galium linearifolium*

茜草 *Rubia cordifolia*

52. 忍冬科

蓝靛果忍冬 *Lonicera caerulea*

忍冬 *Lonicera japonica*

金花忍冬 *Lonicera chrysantha*

金银木 *Lonicera maackii*

蒙古荚迷 *Viburnum mongolicum*

锦带花 *Weigela florida*

53. 败酱科

缬草 *Valeriana officinalis*

异叶败酱 *Patrinia heterophylla*

岩败酱 *Patrinia rupestris*

黄花龙芽 *Patriana scabiosaefolia*

54. 川续断科

窄叶蓝盆花 *Scabiosa comosa*

华北蓝盆花 *Scabisa tschiliensis*

55. 桔梗科

展枝沙参 *Adenophora divaricata*

狭叶沙参 *Adenophora gmelinii*

柳叶沙参 *Adenophora gmelinii* var. *coronopifolia*

长柱沙参 *Adenophora stenanthina*

轮叶沙参 *Adenophora tetraphylla*

锯齿沙参 *Adenophora tricuspidata*

雾灵沙参 *Adenophora wulingshanica*

北方沙参 *Adenophora borealis*

紫沙参 *Adenophora paniculata*

石沙参 *Adenophora polyantha*

长白沙参 *Adenophora prereskiifolia*

兴安沙参 *Adenophora prereskiifolia* var. *alternifolia*

皱叶沙参 *Adenophora stenanthina* var. *crispata*

瓦氏沙参(多歧沙参) *Adenophora waureana*

阴山沙参 *Adenophora wawreana* var. *lanceifolia*

紫斑风铃草 *Campanula punctata*

桔梗 *Platycodon grandiflorus*

56. 菊科

亚洲蓍 *Achillea asiatica*

牛蒡 *Arctium lappa*

艾蒿 *Artemisia argyi*

青蒿 *Artemisia apiacea*

岩蒿 *Artemisia brachyloba*

茵陈蒿 *Artemisia capillaris*

狭叶青蒿 *Artemisia dracunculus*

牡蒿(东北牡蒿) *Artemisia manshurica*

南牡蒿 *Artemisia eriopoda*

冷蒿 *Artemisia frigida*

白莲蒿(铁杆蒿) *Artemisia gmelinii*

差不嘎蒿 *Artemisia halodendron*

柳叶蒿(柳蒿) *Artemisia integrifolia*

裂叶蒿 *Artemisia laciniata*

野艾蒿 *Artemisia lavandulaefolia*

蒙蒿 *Artemisia mongolica*

黑蒿 *Artemisia palustris*

大籽蒿 *Artemisia sieversiana*

林艾蒿 *Artemisia sylvatica*

变蒿(柔毛蒿) *Artemisia pubescens*

高山紫菀 *Aster alpinus*

紫菀 *Artemisia tataricus*

鬼针草 *Bidens bipinnata*

山尖子 *Cacalia hastata*

翠菊 *Callistephus chinensis*

莲座蓟 *Cirsium esculentum*

小红菊 *Dendranthema chanetii*

紫花野菊 *Dendranthema zawadskii*

蓝刺头 *Echinops latifolius*

线叶菊 *Filifolium sibiricum*

阿尔泰狗娃花 *Heteropappus altaicus*

多叶阿尔泰狗娃花 *Heteropappus altaicus* var. *millefolius*

狗娃花 *Heteropappus hispidus*

细枝狗娃花 *Heteropappus tataricus*

山柳菊 *Hieracium umbellatum*

苦荬菜 *Ixeris denticulata*

旋覆花 *Inula britanica*

大丁草 *Leibnitzia anandria*

长叶火绒草 *Leontopodium longifolium*

蹄叶橐吾 *Ligularia fischeri*

全缘橐吾 *Ligularia mongolica*

河北橐吾(橐吾) *Ligularia sibirica*

蚂蚱腿子 *Myripnois dioica*

毛连菜 *Pioris japonica*

祁州漏芦 *Rhaponticum uniflorum*

草地风毛菊 *Saussurea amara*

紫苞风毛菊 *Saussurea iodostegia*

风毛菊 *Saussurea japonica*

翼茎风毛菊 *Saussurea japonica* var. *alata*

雾灵风毛菊 *Saussurea chowana*

华北风毛菊 *Saussurea mongolica*

银背风毛菊 *Saussurea nivea*

美花风毛菊 *Saussurea pulchella*

折苞风毛菊 *Saussurea recurvata*

乌苏里风毛菊 *Saussurea ussuriensis*

硬叶乌苏里风毛菊 *Saussurea ussuriensis* var. *firma*

细叶鸦葱 *Scorzonera albicaulis*

桃叶鸦葱 *Scorzonera sinensis*

狗舌草 *Senecio campestris*

黄菀(林荫千里光) *Senecio nemorensis*

麻花头 *Serratula centauroidus*

苣荬菜 *Sonchus arvensis*

山牛蒡 *Synurus deltoides*

蒲公英 *Taraxacum mongolicum*

白缘蒲公英 *Taraxacum platypectidum*

苍耳 *Xanthium sibiricum*

黄鹌菜 *Youngia japonica*

57. 禾本科

毛颖芨芨草 *Achnatherum publicalyx*

羽茅 *Achnatherum sibiricum*

朝阳芨芨草 *Achnatherum nakaii*

小糠草(巨序翦股颖) *Agrostis gigantea*

冰草 *Agropyron cristatum*

沙生冰草 *Agropyron cristatum*

毛稃沙生冰草 *Agropyron desertorum* var. *pilosiusculum*

米氏冰草 *Agropyron michnoi*

蒙古冰草(沙芦草) *Agropyron mongolicum*

毛沙芦草 *Agropyron mongolicum* var. *villosum*

看麦娘 *Alopecurus aequalis*

兴安短柄草 *Brachypodium pinnatum*

无芒雀麦 *Bromus inermis*

伊尔库特雀麦(沙生雀麦) *Bromus irkutense*

拂子茅 *Calamagrostis epigejos*

丛生隐子草 *Cleistogenes caespitosa*

包鞘隐子草 *Cleistogenes kitagawai* var. *foliosa*

糙隐子草 *Cleistogenes squarrosa*

发草 *Deschampsia caespitosa*

野青茅 *Deyeuxia arundinacea*

大叶章 *Deyeuxia langsdorffii*

止血马唐 *Digitaria ischaemum*

披碱草 *Elymus dahuricus*

野黍 *Eriochloa villosa*

达乌里羊茅 *Festuca dahurica*

羊茅 *Festuca ovina*

东亚羊茅 *Festuca litvinovii*

紫羊茅 *Festuca rubra*

假鼠妇草 *Glyceria leptolepis*

异燕麦 *Helictotrichon schellianum*

光稃茅香 *Hierochloe glabra*

落草 *Koeleria cristata*

假稻 *Leersia japonica*

羊草 *Leymus chinensis*

赖草 *Leymus secalinus*

大臭草 *Melica turczaninowiana*

抱草 *Melica virgata*

乱子草 *Muhlenbergia hugelii*

白草 *Pennisetum flaccidum*

早熟禾 *Poa annua*

华灰早熟禾 *Poa botryoides*

林地早熟禾 *Poa nemoralis*

贫叶早熟禾 *Poa poligophylla*

草地早熟禾 *Poa pratensis*

硬质早熟禾 *Poa sphondylodes*

鹅观草 *Roegneria kamoji*

吉林鹅观草 *Roegneria nakaii*

垂穗鹅观草 *Roegneria nutans*

直穗鹅观草 *Roegneria turczaninovii*

细穗鹅观草 *Roegneria turczaninovii* var. *tennuseta*

狗尾草 *Setaria viridis*

大针茅 *Stipa grandis*

贝加尔针茅 *Stipa baicalensis*

克氏针茅 *Stipa krylovii*

58.莎草科

灰脉薹草 *Carex appendiculata*

麻根薹草 *Carex arnellii*

寸草薹 *Carex duriuscula*

黄囊薹草 *Carex korshinskii*

披针叶薹草 *Carex lanceolata*

柄薹草 *Carex mollisima*

日阴菅薹草 *Carex pediformis*

扁穗莎草 *Cyperus compressus*

卵穗针蔺 *Eleocharis ovata*

嵩草 *Kobresia bellardii*

水葱 *Scripus tabernaemontani*

59.百合科

矮葱 *Allium anisopodium*

砂韭 *Allium bidentatum*

硬皮葱 *Allium ledebourianum*

小根蒜 *Allium macrostemon*

野韭 *Allium ramosum*

山韭(山葱) *Allium senescens*

细叶韭 *Allium tenuissimum*

兴安天门冬 *Asparagus davuricus*

龙须菜(雉隐天冬) *Asparagus schoberioides*

曲枝天门冬 *Allium trichophyllus*

铃兰 *Convallaria majalis*

小黄花菜 *Hemerocallis minor*

山丹(细叶百合) *Lilium pumilum*

二叶舞鹤草 *Maianthemum bifolium*

二苞玉竹 *Paris involucratum*

热河黄精 *Paris macropodium*

北重楼 *Paris verticillata*

玉竹 *Polygonatum odoratum*

小玉竹 *Polygonatum humile*

黄精 *Polygonatum sibiricum*

轮叶黄精 *Polygonatum verticillatum*

藜芦 *Veratrum nigrum*

60. 鸢尾科

射干 *Iris dichotoma*

细叶鸢尾 *Iris tenuifolia*

粗根鸢尾 *Iris tigridia*

囊花鸢尾 *Iris ventricosa*

矮紫苞鸢尾(山马蔺) *Iris ruthenica* var. *nana*

61. 兰科

大花杓兰 *Cypripedium macranthum*

裂瓣角盘兰 *Herminium alaschanicum*

沼兰 *Malaxis monophyllos*

二叶舌唇兰 *Platanthera chlorantha*

蜻蜓兰 *Tulotis asiatica*

附录 B 常见植物和植物群落图片

B-1 华北落叶松（*Larix principis-ruprechtii*，松科）

B-2 白桦（*Betula platyphylla*，桦木科）和华北耧斗菜（*Aquilegia yabeana*，毛茛科）

B-3　虎榛子(*Ostryopsis davidiana*, 桦木科)

B-4　叉分蓼(*Polygonum divaricatum*, 蓼科)

B-5　珠芽蓼(*Polygonum viviparum*,蓼科)

B-6　石竹(*Dianthus chinensis*,石竹科)

B-7　长毛银莲花(*Anemone narcissiflora* var. *crinita*,毛茛科)

B-8　大花银莲花(*Anemone silvestris*,毛茛科)

B-9　瓣蕊唐松草(*Thalictrum petaloideum*,毛茛科)

B-10　金莲花(*Trollius chinensis*,毛茛科)

B-11 翠雀（*Delphinium grandiflorum*，毛茛科）

B-12 白芍（*Cynanchum otophyllum*，芍药科）

B-13　野罂粟(*Papaver nudicaule*,罂粟科)

B-14　橙黄糖芥(*Erysimum bungei*,十字花科)

B-15　香花芥(*Hesperis oreophila*,十字花科)

B-16　珍珠梅(*Sorbaria krilowii*,蔷薇科)

B-17　柳叶绣线菊(*Spiraea salicifolia*,蔷薇科)

B-18　金露梅(*Potentilla fruticosa*,蔷薇科)

B-19　星毛委陵菜(*Potentilla acaulis*,蔷薇科)

B-20　地榆(*Sanguisorba officinalis*,蔷薇科)

B-21 蒙古岩黄芪(*Hedysarum mongolicum*,豆科)

B-22 砂珍棘豆(*Oxytropis gracillima*,豆科)

B-23　野火球(*Trifolium lupinaster*,豆科)

B-24　斜茎黄芪(*Astragalus adsurgens*,豆科)

B-25 毛蕊老鹳草(*Geranium eriostemon*, 牻牛儿苗科)

B-26 狼毒(*Stellera chamaejasme*, 瑞香科)

B-27 柳兰（*Chamaenerion angustifolium*，柳叶菜科）

B-28 短毛独活（*Heracleum moellendorffii*，伞形科）

B-29 田葛缕子（*Carum buriaticum*, 伞形科）

B-30 黑柴胡（*Bupleurum smithii*, 伞形科）

B-31　鹿蹄草(*Pyrola rotundifolia*)

B-32　睡菜(*Menyanthes trifoliata*,龙胆科)

B-33 荇菜(*Nymphoides peltatum*,龙胆科)

B-34 花葱(*Polemonium caeruleum*,花葱科)

B-35　勿忘草(*Myosotis silvatica*,紫草科)

B-36　黄芩(*Scutellaria baicalensis*,唇形科)

B-37　多裂叶荆芥(*Shizonepeta multifida*，唇形科)

B-38　柳穿鱼(*Linaria vulgaris*，玄参科)

B-39　缬草(*Valeriana officinalis*,败酱科)

B-40　紫斑风铃草(*Campanula punctata*)

B-41　阿尔泰狗娃花(*Heteropappus altaicus*,菊科)

B-42　长叶火绒草(*Leontopodium longifolium*,菊科)

B-43　高山紫菀(*Aster alpinus*,菊科)

B-44　蚂蚱腿子(*Myripnois dioica*,菊科)

B-45　小黄花菜(*Hemerocallis minor*,百合科)

B-46　山丹(*Lilium pumilum*,百合科)

B-47　二叶舌唇兰(*Platanthera chlorantha*,兰科)

B-48　华北落叶松林(人工林)

B-49 白桦林

B-50 蒙古栎林

B-51　油松林

B-52　白扦林

B-53　灌丛(背景为典型草原)

B-54　草甸草原

B-55　典型草原

B-56　草甸(坡上部为草甸草原)

B-57 沼泽

B-58 草原带的干旱树线(背景为冷蒿退化草原)

附录 C 植物群落调查表

表 C-1 群落样地基本信息表

样地编号		群落类型		样地面积	
调查地点	省	县(林业局)	乡(林场)		村(林班)
具体位置描述:					
纬度		地形	( )山地 ( )洼地 ( )丘陵 ( )平原 ( )高原		
经度		坡位	( )谷地 ( )下部 ( )中下部 ( )中部		
海拔			( )中上部 ( )山顶 ( )山脊		
坡向		森林起源	( )原始林 ( )次生林 ( )人工林		
坡度		干扰程度	( )无干扰 ( )轻微 ( )中度 ( )强度		
土壤类型			群落剖面图:		
垂直结构	层高/m	盖度/(%)	优势种		
乔木层					
亚乔木层					
灌木层					
草本层					
调查人					
记录人		调查日期			

群落调查表及说明:

(1)群落类型:样地的群落类型。

(2)调查地:样地所在位置,如县市村镇或林业局(场)小班和保护区名称,并标注在地形图上。

(3)经纬度:用 GPS 确定样地所在地的经纬度坐标。

(4)海拔:用海拔表确定样地所在地的海拔。注意尽量避免使用 GPS 确定海拔高度,因为 GPS 测定海拔高度的误差较大。

(5)坡位:样地所在坡面位置,如谷地、下部、中下部、中部、中上部、山顶、山脊等。

(6)坡向:样地所在地的方位,以 NE30°的方式记入。

(7)坡度:样地的平均坡度。

（8）面积:样地的面积,如森林样地一般为 600 m² 或 100 m²,记为 20 m × 30 m 或 10 m × 10 m。

（9）地形:样地所在地的地形,如山地、洼地、丘陵、平原等。

（10）土壤:样地所在地的土壤类型,如褐土、山地黄棕壤等。

（11）森林起源:按原始林、次生林和人工林记载。

（12）干扰程度:按无干扰、轻微、中度、强度干扰等记录。

（13）群落层次:群落垂直结构的发育程度,如乔木层、灌木层、草本层等是否发达等。

（14）优势种:记录各层次的优势种;如某层有多个优势种,要同时记录。

（15）群落高度:群落的大致高度,可给出范围,如 15～18 m。

（16）郁闭度:各层的郁闭度,用百分比表示。

（17）群落剖面图:该图对了解群落的结构、种间关系、地形等非常重要。

（18）群落调查表:群落的各调查项目,包括物种、DBH、树高及其他特征,见附表 C-2。

（19）调查人、记录人及日期:该群落的调查人和记录人,并注明调查日期,以备查用。

表 C-2　群落调查表

表 C-2a　乔木层调查表

样地号_____调查人员_____调查日期_____

地点_____省_____县(林业局)_____乡(林场)_____村(小班)

树　号	树种名称	胸径/cm	树高/m	冠幅*	备　注

* 冠幅:将树冠理想化为椭圆,目视估计其长轴和短轴的长度,以长轴 × 短轴表示

表 C-2b　灌木层调查表

样地号_____调查人员_____调查日期_____

地点_____省_____县(林业局)_____乡(林场)_____村(小班)

物种名称	丛数或多度	盖度/(%)	平均高度/m	备　注

样方外物种：

表 C-2c　草本层和层间植物调查表

样地号_____调查人员_____调查日期_____

地点_____省_____县(林业局)_____乡(林场)_____村(小班)

小样方号	物种名称	多度	盖度/(%)	平均高度/m	物候相	备　注

（续表）

小样方号	物种名称	多度	盖度/(%)	平均高度/m	物候相	备　注

注:

多度:按德氏多度等级记载多度:很多 – cop3,多 – cop2,尚多 – cop1,分散(不多) – sp. ,稀少 – sol. ,仅 1 株 – un. 。

盖度:按目视计算盖度,盖度 >5% 时,以 5% 为间隔,如 1% ,2% ,5% ,10% ,15% . . . 。如果盖度 <1% ,按 <1% 记录

高度:指垂直于地面的高度。对于已经开花结实的植物,同时记录营养枝高度和生殖枝高度。

物候相:包括营养期、花蕾期、花期、果期、果后期

表 C-2d　枯立木、倒木及粗大木质残体

样地号	木段编号	大头直径 /cm	中央直径 /cm	小头直径 /cm	长度/m	腐朽程度	备　注

　　注:腐朽程度可按 3 级记载,即基本没有腐朽、中度腐朽和严重腐朽,也可细分为 5 级。备注中可记录各木段是整体贴地还是悬空。

表 C-2e　苔藓地衣层和枯落物层

苔藓地衣层

种类							
覆盖度							
分布							

（续表）

枯落物层		
	表　层	下　层
厚度/cm		
覆盖度/（%）		
分解程度		

表 C-3　土壤调查野外记录与室内分析

土壤调查表 C-3a——容重样品记录表

样地编号＿＿＿＿＿＿　调查人员＿＿＿＿＿＿　调查日期＿＿＿＿＿＿

深度/cm	样品编号	样品袋重/g	样品袋＋土壤鲜重/g	干重/g		砾石体积/cm³	备注（质地、结构、颜色、根系分布等）
				土壤	砾石		
0～10							
10～20							
20～30							
30～50							
50～70							
70～100							

土壤调查表 C-3b——土壤化学性质测量记录表（室内用）

深度/cm	样品编号	pH	含　量　/g				备　注
			总碳	有机碳	全氮	全磷	
0～10							
10～20							
20～30							
30～50							
50～70							
70～100							

附录 D　优秀实习报告点评

实习报告 D-1

不同植被类型植物根系对土壤的影响

徐　冰　00413017

摘　要: 在植被与土壤的相互作用中,植物的根系是一个重要的纽带。不同的植被类型中不同的物质组成,使得土壤中的根系具有不同的形态结构、生理特点,导致不同植被类型下的土壤产生了明显的差异。本报告通过对坝上地区相间分布的森林、草原植被的研究,根据群落调查和土壤调查的结果,提出由于单子叶植物在草原群落中的重要性比在森林群落中大,而单子叶植物的须根系在形态上又具有细根分布均匀等特点,所以使得草原土壤的质地更细更均一,层次更分明,而森林土壤则具有较厚的腐殖质层。

关键词: 植被类型;植物根系;森林土壤;草原土壤;单子叶植物;双子叶植物

植被与土壤之间是相互影响、相互作用的关系。植物的生长活动是土壤形成的关键因素。一定气候条件决定了一定的植被类型,不同类型的植被之下又发育着不同的土壤。特别是在森林和草原这两大类截然不同的植被作用下,森林土壤和草原土壤在很多方面有着明显的差异。

　　植物体对土壤影响最大的部分就是它的根系。植物的根系是土壤有机质的来源，为土壤微生物的活动提供环境，对土壤的质地、结构、水分状况和营养元素的含量等都有很大的影响。[1]对于不同类型的植被，其物种组成不同，则其根系的形态结构、生长方式也就不同，对土壤也就会产生不同的作用。

　　为解释不同植被下土壤的成因，本文选取坝上地区4个有代表性的样地（森林、草原植被各2个），根据群落调查和土壤调查的直观结果，分析不同植被下土壤的特征差异，及植物根系在这些差异的形成过程中所起的作用。

（一）研究区域概况

　　坝上地区位于河北省北部，内蒙古高原南缘，是我国半湿润区到半干旱区、华北平原到内蒙古高原、森林植被到草原植被的过渡地带。区域内气候条件多样，植被类型丰富，是生态学研究的关键区域。[2,3]由于是森林向草原的过渡地带，该区域内的天然林成块状的分布。次生性的天然白桦林常分布于阴坡，而阳坡则是草原或草甸。森林和草地在山坡两边相间分布，构成该区域内常见的景观，也为植被与各环境因子相互关系的研究提供了方便。

　　本文选取的4块样地分别位于机械林南山和将军泡子附近，两地的具体位置及气候条件见表D-1。在同一山丘的阴、阳坡分别取桦林，草原，两种植被，样地编号为：1号样地，机械林场南山，阴坡桦林；2号样地，机械林场南山，阳坡草地；3号样地，将军泡子，阴坡桦林；4号样地，将军泡子，阳坡草地。

表 D-1　样地经纬度及气候状况

	经度	纬度	年降水量/mm	均温/℃		
				年	1月	7月
机械林场	117°15′11″E	42°23′55″N	432	0.71	−17.1	17.0
将军泡子	117°07′29.4″E	42°34′45″N	418.8	0.42	−19.6	17.0

（二）研究方法

1. 群落调查

用样方法对样地群落进行调查。桦林样地取 10 m × 10 m 样方,分乔木层、灌木层和草本层调查,其中草本层又在大样方内分取 5 个 2 m × 2 m 小样方。草原样地取 2 m × 2 m 样方进行调查,每处有四组重复。

以每个物种相对盖度、相对多度、相对频度求平均的方法,计算各草本物种的重要值;灌木重要值为相对盖度、相对多度和相对高度的平均值。

计算香农-维纳指数,表示物种的多样性[4]。

2. 土壤调查

在每个样地内挖掘较完整的土壤剖面,划分土壤层次,记录各层特征。

（三）结果

1. 森林土壤与草地土壤的异同

根据四个样地土壤调查的结果,分析可知:样地内土壤都由沙质的母质发育而来,淋溶不强烈,多为雏形土,包涵一个较明显的富含有机质的 A 层(腐殖质层)和一个主要由砂组成的母质层。

森林土壤和草原土壤的不同主要在于以下几点:

（1）桦林下的土壤有一个 5 cm 左右的枯枝落叶层,草地土壤的枯枝落叶层不明显。

（2）森林土壤基岩层以上的总厚度比草原土壤大,其中 A 层的厚度明显大于草原土壤。

（3）对于母质层以上的 A 层及其他过渡层次,草原土壤比森林土壤的质地更加细腻,团粒结构发育更好。

（4）草原土壤的质地、结构更加均一,层次之间的分界比较明显,而森林土壤各层次间则是逐渐过渡的。

（5）森林土壤剖面的下部、母质层中常出现深黑色的腐殖质斑块，草原土壤中则没有。

2. 群落调查结果

在考察群落的物种组成时，考虑到双子叶植物和单子叶植物的根系在形态结构上有明显的不同，他们的根对土壤也会产生不同的影响，因此重点分析双子叶植物和单子叶植物在森林群落和草地群落中所处的地位。

各样地内重要值排在前二十位的物种的重要值分布情况见图 D-1～图 D-4，其中双子叶植物为灰色，单子叶植物为白色。对桦林样地仅表示其草本层的状况。

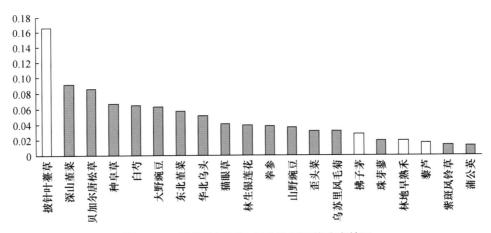

图 D-1　1 号样地（桦林）各物种重要值分布情况

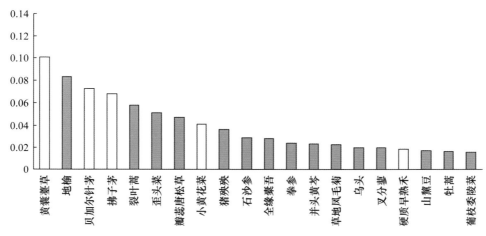

图 D-2　2 号样地(草地)各物种重要值分布情况

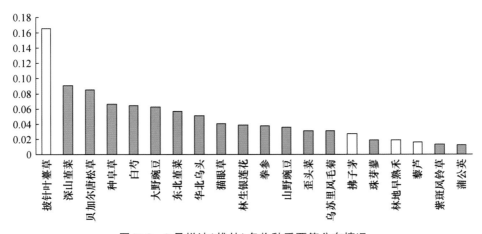

图 D-3　3 号样地(桦林)各物种重要值分布情况

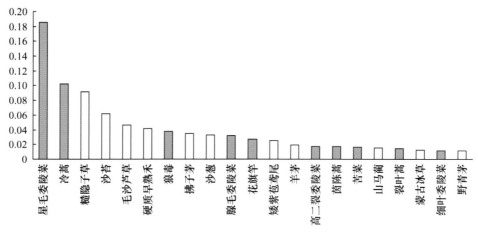

图 D-4　4 号样地(草地)各物种重要值分布情况

由图可见,在两个草原样地内,单子叶植物的种数和重要程度都比相应的桦林样地大。表 D-2 显示了森林和草原群落中单子叶植物和双子叶植物的对比情况。在森林样地中,单子叶与双子叶植物的重要值之比只有 0.18 和 0.30,在草原样地,单子叶与双子叶植物的重要值之比则达到了 0.51 和 0.72。草原样地中单子叶植物的多样性也有所增加,在 4 号样地,单子叶植物的多样性指数甚至超过了双子叶植物。

表 D-2　森林草地群落单子叶植物双子叶植物分布情况对比

			相对多度	相对盖度	相对频度	重要值	多样性指数
森林	1 号样地	双子叶	0.83	0.83	0.89	0.85	3.29
		单子叶	0.17	0.17	0.11	0.15	0.55
		单子叶/双子叶	0.21	0.21	0.12	0.18	0.17
	3 号样地	双子叶	0.78	0.67	0.87	0.77	3.28
		单子叶	0.22	0.33	0.13	0.23	0.70
		单子叶/双子叶	0.28	0.50	0.16	0.30	0.21

（续表）

			相对多度	相对盖度	相对频度	重要值	多样性指数
草地	2 号样地	双子叶	0.64	0.58	0.77	0.66	3.21
		单子叶	0.36	0.42	0.23	0.34	1.46
		单子叶/双子叶	0.57	0.73	0.29	0.51	0.46
	4 号样地	双子叶	0.50	0.64	0.60	0.58	2.16
		单子叶	0.50	0.36	0.40	0.42	2.17
		单子叶/双子叶	1.00	0.57	0.67	0.72	1.00

由以上分析可知在草原群落中单子叶植物所起的作用比在森林群落中大,所以单子叶植物特殊的根系结构在改良草原土壤时发挥的作用也将比在森林土壤中大。

3. 根系对土壤的影响

（1）根系深度对土壤的影响

在同样植被下测定的 18 种该地区常见植物根系深度情况如表 D-3 所示。从表 D-3 可见双子叶植物的根系深度平均值略大于单子叶植物,而双子叶植物根深的均方

表 D-3　单子叶双子叶植物的根系深度

单子叶		双子叶	
羊草	7.3	扁蓿豆	14.4
双齿葱	7.7	地榆	11.2
囊花鸢尾	8.5	达乌里黄芪	11.9
贝加尔针茅	7.8	冷蒿	14.3
日阴菅	12.9	星毛委陵菜	10.4
黄囊薹草	11.5	腺毛委陵菜	12.5
黄花菜	10.4	狼毒	35.2
糙隐子草	3.0	瓣蕊唐松草	7.6
薹草	15.5		
冰草	17.6		
平均	10.2	平均	14.7
均方差	4.3	均方差	8.6

（数据来源:周鹏等,2006）

差也比单子叶植物高出了一倍,说明双子叶植物根系的深度差异较大,不同种植物的根系可深可浅,而单子叶植物的根系深度则比较平均。

在土壤发育的过程中,植物的根系是土壤有机质的重要来源,根系的周围是土壤微生物的主要活动场所,所以根系的深度与土壤腐殖质层的厚度有很大的相关性。因此,单子叶植物占优势的群落中土壤的腐殖质层较薄(图 D-5),受根系影响的范围边界比较明显;而双子叶植物占优势的群落,土壤的腐殖质层可能较厚,边界不明显。

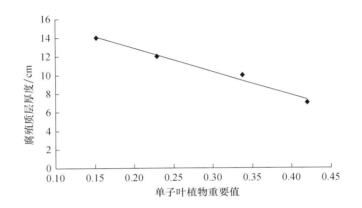

图 D-5　单子叶植物重要值与土壤腐殖质层厚度的关系

(2)根系形态结构对土壤的影响

双子叶植物的根是直根系,有一条明显的向下生长的主根,从主根上分出细根,向周围生长;单子叶植物的根是须根系,有多条须根共同向下生长,从每条须根上都可分出很多细根。这样不同的分级结构使得双子叶植物的根系密度从上到下逐渐递减,而单子叶植物的根系密度在整个根系范围内则是比较均匀的,而且单子叶植物的细根更加丰富。

在土壤发育的过程中,植物的细根对土壤有机质的积累、质地的改良、团粒结构的形成等都发挥着巨大的作用。[5]单子叶植物的根系可以使土壤的质地更加细腻,结构更加疏松,而且单子叶植物根系的这些影响在一定范围内是比较均一的,而双子叶植物根系的生长则会使相应的土壤层次产生逐渐过渡的现象。

这样就从植物根系的角度解释了森林与草原土壤之间为什么会产生上述不同。在草原群落中单子叶植物的种类更加丰富,所起的作用更加重要,而单子叶植物的根系又具有根系深度平均,细根多,根系密度分布均匀等特点,所以就使得与森林土壤相比,草原土壤的质地更细腻、结构更均一、层次也更清晰。

另外在森林土壤中影响着土壤发育的因素也不只有草本层的根系。森林植被的地下部分与地上部分一样,也有着分层的现象,乔木灌木的根系可以把生物活动对土壤的改造带入到更深层的土壤中去,成为上下层土壤之间物质循环的通道,[6]使得森林土壤的结构更加复杂,层次更不分明。[7]深层土壤中粗大的乔木根系死亡后腐烂,形成埋藏的腐殖质斑块。

(四) 讨论与结论

1. 根系结构对森林和草原土壤相异性的影响

森林植被和草原植被的物种组成不同,所以它们的根系分布状况也就有所差异,因此形成了不同的土壤。森林土壤和草原土壤的差异可以从根系的角度去解释:

(1) 森林植被的根系可以达到很深的层次,林下草本层中双子叶植物所占比例较大,双子叶植物的根系深度比较大,所以森林土壤的深度大,腐殖质层也较厚。

(2) 草原植被中单子叶植物丰富,而单子叶植物根系中细根多,有利于土壤颗粒的分化、有机质的积累、团粒结构的形成,因此草原土壤的质地更细。

(3) 单子叶植物的根是须根系,各深度上根密度比较平均,不同物种间根系深度相差不大,所以在单子叶植物相对丰富的草原植被下,土壤的层次更清晰,各层内的质地也更均匀。

(4) 森林土壤中乔木和灌木的根系可以使有机质在更深层的土壤中积累。

综上所述,植物的根系是沟通植被与土壤的桥梁,在植被与土壤的相互作用中发挥着重要的作用。

2. 其他因素对森林和草原土壤相异性的影响

除了植物的根系,还有许多其他因素也影响着土壤的形成,使得森林和草原的土壤产生了上述不同。如森林植被产生枯枝落叶积累在土壤表层,草原植被则很少;森林植被能截流大量的降水减缓下渗,减少淋溶,等等。本研究中草原样地都处于阳坡,桦林样地都处于阴坡,阴阳坡的差异一方面造就了两种不同的植被;另一方面也会直接影响土壤的性质,比如阴坡上的草地土层薄、土壤质地细也可能是由于阳坡背风,风成的母质本身就比较薄、质地就比较细的缘故。另外,阴阳坡不同的水分状况也会对土壤产生较大的影响。[8]

3. 根系对土壤的具体影响中的不确定性

本研究在野外调查时并不针对根系对土壤的影响这一题目,所以研究过程中还存在很多干扰,如上文所说阴阳坡的影响。如要验证本文中的结论,应选择地形条件、小气候等环境因素完全相同的样地进行试验。

本研究基于野外调查的直观结果,多为定性讨论,缺乏定量研究。如果要更深入地探讨根系对土壤的影响,应具体测量土壤各层次的根密度、孔隙度、有机质含量,营养元素的含量等指标,[7,9] 并深入分析各植物类群根系结构的特点,建立植被—根系—土壤之间关系的完整框架。

参考文献

[1] 吴淑杰,韩喜林. 土壤结构、水分与植物根系对土壤能量状态的影响. 东北林业大学学报,2003,31(3):24—26.

[2] 盛学斌,孙建中,刘云霞. 坝上地区土地利用与覆被变化对土壤养分的影响. 农村生态环境,2002,18(4):10—14.

[3] 盛学斌,孙建中,刘云霞. 坝上地区古土壤环境变化信息研究. 土壤与环境,2000,9(2):87—90.

[4] 杨小波,张桃林,昊庆书. 海南琼北地区不同植被类型物种多样性与土壤肥力的关系. 生态学报,2002,22(3):190—196.

[5] 吕春花,郑粉莉. 冰草根系生长发育对土壤团聚体形成和稳定性的影响. 水土保持研究,2004,11(4):97—100.

[6] 李任敏,常建国,吕皎. 太行山主要植被类型根系分布及对土壤结构的影响. 山西林业科技,1998,3(1):17—23.

[7] 李勇,张晴雯,李璐. 黄土区植物根系对营养元素在土壤剖面中迁移强度的影响. 植物营养与肥料学报. 2005,11(4):427—434.

[8] 杨晓晖,张克斌,侯瑞萍. 半干旱沙地封育草场的植被变化及其与土壤因子间的关系. 生态学报,2005,25(12):3212—3219.

[9] 张昌兴,邵安明,黄占斌. 不同植被对土壤侵蚀和氮素流失的影响. 生态学报,2000,20(6):1038—1044.

点评:

　　本文的优点包括两个方面:① 作者不仅提出了明确的科学问题,而且很好地利用了野外调查获取的植物群落和土壤剖面资料来回答所提出的科学问题。作者选题考虑了自己认识深刻的内容,说明作者在野外进行了细致的观察。② 对科学问题的讨论比较深入,逻辑性强。尤其是作者讨论了本文推论的不确定性,值得肯定。③ 全文严格按照科学论文的格式,写作规范,图表设计总体合理。

　　本文符合优秀实习报告"有明确的主题,逻辑性强,写作规范"的要求。尽管本文的具体结论仍然有待商榷,如"单子叶植物特殊的根系结构在改良草原土壤时发挥的作用也将比在森林土壤中大",但仍不失为一种有益的探索。

实习报告 D-2

塞罕坝地区白桦林下草本层植物叶级影响因素分析

范吾思　1000013239

摘　要:本报告通过计算塞罕坝地区五块相似白桦林群落下草本层的两种叶级谱,并对可能影响草本层叶级的相关环境条件与叶级谱进行了关联性分析,来探寻在该尺度下白桦林群落草本层叶级谱变化的主要影响因素。结果表明,在本报告的研究尺度上,相似白桦林群落下草本层的叶级谱主要受到较大尺度上的水热条件影响,随经纬度体现出由东南向西北叶级递减的规律。

关键词:塞罕坝;草本层;叶级谱;经纬度

叶级区分叶面积大小,植物的叶面积受到光照、水分、温度等环境条件的影响;而一个植物群落的叶级谱则能够在一定程度上反映其所处环境。在所查阅到的资料中,对植物群落叶级谱的研究多为调查与描述,却少有关于影响群落叶级谱的主要环境条件的讨论。

在山地环境中,环境条件不仅受到纬度、海拔等大尺度地形因子的影响,坡度、坡向等小尺度地形因子也会影响植物生长的环境条件。受到在实习过程中观察到的现象启发,本报告试图通过对于实习地区五块相似森林群落下草本层的叶级谱的计算以及对可能影响草本层叶级的相关环境条件与叶级谱进行关联性分析,寻找在该尺度下草本层叶级谱的主要影响因素。

(一) 数据与方法

选取塞罕坝地区五块较为相似的白桦林群落作为研究样本,之前在野外调查过程中已获得了这五个样地基本群落信息和地理位置信息(图 D-6)。

图 D-6 样地位置卫星图

(1)计算各草本层植物叶级。根据植物志给出的叶片形状、大小信息,运用相近几何图形公式,粗略估算各样地草本层各植物的平均叶面积,并按照 Raunkiaer(1934)叶级分类系统逐一进行分级。之后对各样地分别进行统计,获各个样地的各叶级物种总数分别占该样地总物种数的比例(定义为叶级谱 1);分别计算各样地草本层的物种重要值,再次对各样地分别进行统计后获得各个样地的各叶级物种重要值加和分别占该样地所有物种重要值加和的比例(定义为叶级谱 2)。

(2)对叶级谱和环境条件进行关联性分析。分别将五块样地按照不同环境条件进行排序,分析在各排序下其两种叶级谱是否表现出明显的变化规律,从而讨论用于排序的环境条件对于叶级谱的变化是否有明显影响。

表 D-4　样地基本信息

样地编号	群落类型	地理位置	坡度	坡向	纬度	经度
1	白桦林	尚海林	27°	NE320°	42°24′35.68″	117°19′16.31″
2	棘皮桦—白桦林	未名山对侧	11°	NE30°	42°09′17.24″	117°25′34.37″
3	白桦林		16.5°	NE355°	42°34′32.61″	117°07′39.11″
4	白杆—白桦林	克什克腾旗白杆坑	10°	NE30°	42°34′48.81″	117°14′38.43″
5	白桦林	界河	38°	NE51°	42°25′60.52″	117°18′21.93″

（二）结果

1. 叶级谱随坡向的分布

由于当地林草交界带的水分特点，所有五块森林样地都位于水分较为充足的北坡，但其朝向与正北方向的夹角大小各异。这一角度影响到光照条件和水分条件，故按照该角度大小对样地进行排序（3-2-4-1-5）。排序之后的叶型谱 1（图 D-7）和叶型谱 2（图 D-8）没有表现出明显的变化趋势。

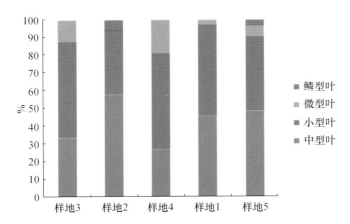

图 D-7　五块样地各叶级所占物种数比例（样地按坡向距正北差值升序排列）

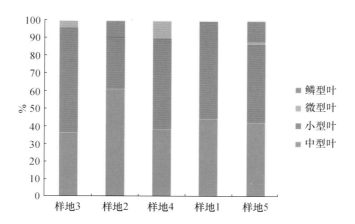

图 D-8　五块样地各叶级物种所占物种重要值比例(样地按坡向距正北差值升序排列)

2. 叶级谱沿坡度梯度的分布

坡度大小也影响着草本层植物的光照条件和水分条件,按照坡度大小对样地进行排序(4-2-3-1-5),排列后的叶型谱1(图 D-9)和叶型谱2(图 D-10)也没有表现出明显的变化趋势。

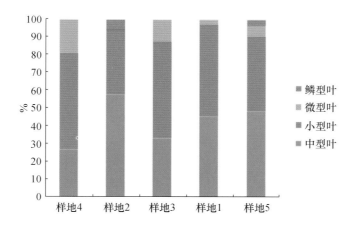

图 D-9　五块样地各叶级所占物种数比例(样地按坡度升序排列)

3. 叶级谱沿纬度的分布

将五块样地按照纬度由南到北排列(2-1-5-3-4),可明显看出叶级谱1和叶级谱2都有一定的变化规律:由南向北,叶型谱中中型叶所占的比例有下降趋势,而微型叶所占比例有上升趋势(图 D-11,12)。这一点在折线图中体现得更为明显(图 D-13,14)。

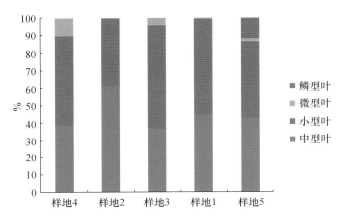

图 D-10　五块样地各叶级所占物种重要值比例
(样地按坡度升序排列)

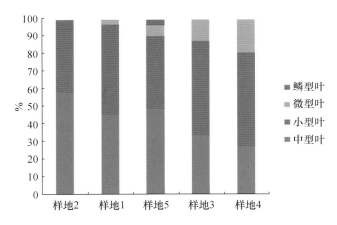

图 D-11　五块样地各叶级所占物种数比例
(样地按纬度从南向北排列)

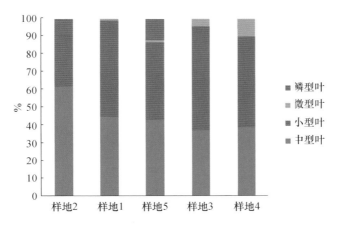

图 D-12　五块样地各叶级所占物种重要值比例
（样地按纬度从南向北排列）

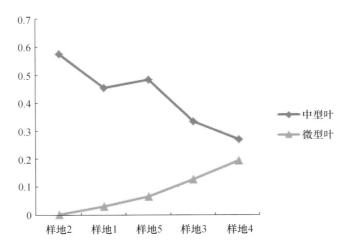

图 D-13　中型叶和微型叶所占物种数比例在五块样地中变化情况
（样地按纬度从南向北排列）

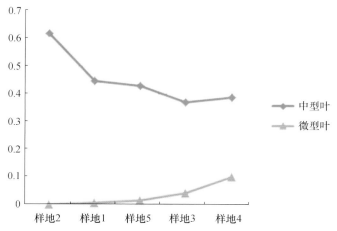

图 D-14　中型叶和微型叶所占物种重要值比例在五块样地中变化情况
（样地按纬度从南向北排列）

4. 叶级谱沿经度的分布

　　将样地按照纬度由西到东排列（3-4-5-1-2），也可看出叶级谱 1 和叶级谱 2 都有一定变化规律，由西向东，叶型谱中中型叶所占的比例有所上升趋势，在叶型谱 2 中体现更为明显，而微型叶所占比例有所下降趋势（图 D-15,16,17,18）。但根据经度排列后得到的叶型谱变化趋势不如按纬度排序所得到的明显。

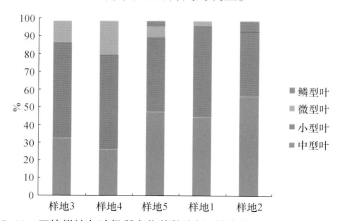

图 D-15　五块样地各叶级所占物种数比例（样地按经度从西向东排列）

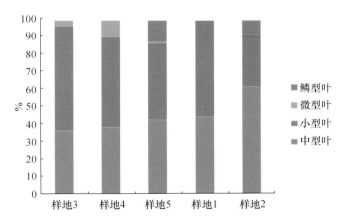

图 D-16　五块样地各叶级所占物种重要值比例
（样地按纬度从西向东排列）

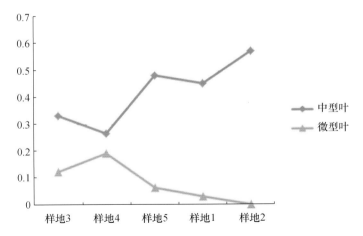

图 D-17　中型叶和微型叶所占物种数比例在五块样地中变化情况
（样地按经度从西向东排列）

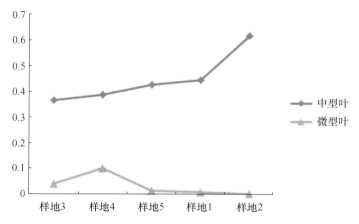

图 D-18 中型叶和微型叶所占物种重要值比例在五块样地中变化情况
（样地按经度从西向东排列）

（三）讨论

通过对五块样地按照坡度、坡向、纬度和经度四个条件分别进行的排序,可以发现仅在按照纬度、经度排序的时候五块样地的叶型谱(1、2)表现出了一定的规律性变化,且其变化规律为:由南向北、由东向西,叶型谱(1、2)中的中型叶所占比例有下降趋势,而微型叶所占比例有上升趋势。

这表明在该尺度上,相似白桦林群落草本层的叶级谱的变化主要受到经纬度的影响。鳞型叶在五块样地中变化较大且不规律,但鳞型叶的植物只有草问荆和龙须菜两种,偶然性过大,而除此之外,五块样地的叶级谱的变化规律基本表现为:由南向北、由东向西草本层叶级递减的趋势。

经纬度主要影响水热条件的分布。样地所在地区大致有 SE—NW 的温度梯度和水分梯度,由东南向西北,温度降低,水分减少,植物叶片面积减小有减少水分散失的作用,也能减少蒸腾散热,有一定保温作用,这样可以在一定程度上解释叶级谱的变化趋势。而且从五块样地的地理位置来看(图 D-6),叶级谱变化趋势最明显的样地排列方式(2-1-5-3-4)也正好大致符合样地从东南向西北的排列。但这一解释需要更多样地的数据以及水分温度数据进行进一步验证。

但是另一方面,纬度增高也会导致光照强度和范围相对减少,草本层位于阴影下的面积增大,这有可能导致植物叶片具有一定阴生特征,叶面积增大。然而这一规律没有在叶级谱随着纬度的变化当中体现出来,很可能是由于在该林草交错带地区水分的影响更为重要,占主导地位。

小尺度的地形因素,如坡向和坡度可以影响光照的强度和范围,理论上对于叶级的大小有一定的影响,但在所研究的五块样地中并没有明显的体现,这说明在所选取的研究尺度上,叶级的影响因素主要为较大尺度上的水热条件,而小地形的影响并不显著。但本文由于数据缺失并没有考虑树高和群落密闭度的影响,可能造成一定误差。

(四) 结论

总结以上的分析结果,本报告得到如下几条结论:

(1) 在本文的研究尺度上(纬度跨越约 $25'$,经度跨越约 $20'$),相似白桦林群落下草本层的叶级谱(1、2)随经纬度有较明显变化趋势。

(2) 由东南向西北,受到大尺度水热条件影响,相似白桦林群落下草本层的叶级谱(1、2)变化体现出叶级递减的趋势。

(3) 其中叶级谱 2(各个样地各叶级物种重要值加和占该样地所有物种重要值加和的比例)随经纬度的变化趋势更明显。

(4) 在本报告的研究尺度上小尺度地形条件对于叶级谱的影响不显著。

参考文献

[1] 祁建,马克明,张育新. 北京东灵山不同坡位辽东栎(*Quercus liaotungensis*)叶属性的比较. 生态学报,2008,28 (1):122—128.

[2] 陈宏伟,李江,孟梦,冯弦,刘永刚,周彬. 云南热带山地三种阔叶人工林群落林下植物生活型谱比较. 亚热带植物科学,2004,33(4):42 —44.

[3] 胡家峰,郭远,李梦,谢皓,陈学珍. 大豆不同叶形叶面积校正系数的研究. 北京农学院学报, 2012,27(1):10—11.

[4] 楚爱香,张要战,蓝玉才,李艳梅,许晓利. 多叶羽扇豆最佳叶面积测定方法研究. 陕西农业科学,2005(1):15—17.

感想：

这次出野外真真让我爱上了生态学的野外工作,当一群人在一片荒无人烟的地方齐心协力做同一件事的时候,那种心灵满足和轻松是在城市里很少能体会到的。

每一位老师同学都给我留下了难以忘怀的回忆,我一直是喜欢躲在一边看这个世界的人,很难得在坝上第一次感受到了这么强的归属感。从郭老师和刘老师身上学到和爱上了一些我曾经以为永远不会感兴趣的知识,从每位同伴那里收获到了欢乐和友谊。

其实很多东西想写,可是真的面对电脑却不知道如何下笔。不过一句话就够了,这次野外实习让我发现,我原来是那么热爱这个生态地科的大集体。

点评：

本报告在选题、数据分析、写作三个方面都值得肯定：

(1) 本报告选题是野外实习基础上的拓展。叶级的划分并不是本次实习的内容,但作者根据平常所学,并结合植物志,对样地中遇到的植物进行了叶级的划分。作者将样地资料和文献资料结合起来,计算了群落叶级并分析了其影响因素,符合实习报告选题中"查阅前人的工作,提出科学问题和假说"的要求；

(2) 全文科学问题明确,思路清楚,逻辑性强。尽管数据有限,但作者提出了叶级谱的计算方法并进行了比较。作者强调了所得出的结论是在"本报告的研究尺度上(纬度跨越约25′,经度跨越约20′)",反映了严密的逻辑性。

(3) 写作总体比较规范。图表的设计尽管不够美观,但总体合理。

主要参考文献

1. Hao, Q. , de Lafontaine, G. , Guo, D. -S. , Gu, H. -Y. , Hu, F. -S. , Han, Y. , Song, Z. -L. , Liu, H. -Y. , 2018. The critical role of local refugia in postglacial colonization of Chinese pine: joint inferences from DNA analyses, pollen records, and species distribution modeling. *Ecography*, 41: 592-606

2. Hu, G. -Z. , Liu, H. -Y. , Yin, Y. , Song, Z. -L. , 2015. The role of legumes in plant community succession of degraded grasslands in northern China. *Land Degradation & Development*, 27: 366-372

3. Kharuk, V. I. , Im, S. T. , Oskorbin, P. A. , Petrov, I. A. , Ranson, K. J. , 2013. Siberian pine decline and mortality in southern Siberian Mountains. *Forest Ecology and Management*, 310, 312-320

4. Liu, H. -Y. , Cui, H. -T. , Huang, Y. -M. , 2001, Detecting Holocene movements of the woodland-steppe ecotone in northern China using discriminant analysis. *Journal of Quaternary Science*, 16(3): 237-244

5. Liu, H. -Y. , He, S. -Y. , Anenkhonov, O, Hu, G. -Z. , Sandanov, D. , Badmaeva, N. , 2012. Topography-controlled soil water content and the coexistence of forest and steppe in northern china. *Physical Geography*, 33: 561-573

6. Liu, H. -Y. , Williams, A. P. , Allen, C. D. , Guo, D. -L. , Wu, X. -C. , Anenkhonov, O. A. , Liang, E. -Y. , Sandanov, D. V. , Yin, Y. , Qi, Z. -H. , Badmaeva, N. K. , 2013. Rapid warming accelerates tree growth decline in semi-arid forests of Inner Asia. *Global Change Biology*, 19: 2500-2510

7. Liu, H. -Y. , Yin, Y. , Ren, J. , Tian, Y. -H. , Wang, H. -Y. , 2008. Climatic and anthropogenic controls of topsoil features in the semi-arid East Asian steppe. *Geophysical Research Letters*, 35(4): L04401, doi:10. 1029/2007GL032980

8. Piao, S. -L. , Cias, P. , Huang, Y. , Shen, Z. -H. , Peng, S. -S. , Li, J. -S. , Zhou, L. -P. , Liu,

H. -Y., Ma, Y. -C., Ding, Y. -H., Friedlingstein, P., Liu, C. -Z., Tan, K., Yu, Y. -Q., Zhang, T. -Y., Fang, J. -Y., 2010. The impacts of climate change on water resources and agriculture in China. *Nature*, 467, 43-51

9. Xu, C. -Y., Liu, H. -Y., Anenkhonov, O. A., Korolyuk, A. Y, Sandanov, D. V., Balsanova, L. D., Naidanov, B. B., Wu, X. -C., 2017. Long-term forest resilience to climate change indicated by mortality, regeneration and growth in semi-arid southern Siberia. *Global Change Biology*, doi: 10. 1100/gcb13582

10. Yang, X. -P., Scuderi, L. A., Wang, X. -L., Scuderi, L. J., Zhang, D. -G., Li, H. -W., Forman, S., Xu, Q. -H., Wang, R. -C., Huang, W. -W., Yang, S. -X., 2015. Groundwater sapping as the cause of irreversible desertification of Hunshandake Sandy Lands, Inner Mongolia, northern China, *PNAS*, 112: 702-706

11. Yang, X. -P., Scuderi, L., Paillou, P., Liu, Z-T., Li, H. -W., Ren, X. -Z., 2011. Quaternary environmental changes in the drylands of China: A critical review. *Quaternary Science Reviews*, 30: 3219-3233

12. 何思源、刘鸿雁、任佶、印轶,2008. 内蒙古高原东南部森林—草原交错带的地形—气候—植被格局和植被恢复对策. 地理科学,28(2):253—258

13. 河北植物志编辑委员会,1986~1991. 河北植物志(第1~3卷). 石家庄:河北科学技术出版社

14. 内蒙古植物志编辑委员会,1989~1998. 内蒙古植物志(第1~5卷). 呼和浩特:内蒙古人民出版社